实验动物和动物实验从业专业技术人员系列培训资料

实验动物专业技术人员等级培训教材
（初级）

总　编　秦　川
主　编　陈民利
主　审　卢金星　刘云波　魏　强

编写人员（按姓氏笔画排序）
卢金星　刘云波　杨　斐　吴宝金　陈民利
秦　川　常　在　魏　强
编写秘书：赵宏旭　宋　晶　孟俊红　张　淙

中国协和医科大学出版社

图书在版编目（CIP）数据

实验动物专业技术人员等级培训教材：初级 / 陈民利主编. —北京：中国协和医科大学出版社，2017. 8

ISBN 978-7-5679-0852-9

Ⅰ. ①实… Ⅱ. ①陈… Ⅲ. ①实验动物-技术培训-教材 Ⅳ. ①Q95-33

中国版本图书馆 CIP 数据核字（2017）第 187451 号

实验动物和动物实验从业专业技术人员系列培训资料

实验动物专业技术人员等级培训教材（初级）

主　　编：陈民利
责任编辑：田　奇

出版发行：中国协和医科大学出版社
（北京东单三条九号　邮编 100730　电话 65260431）
网　　址：www. pumcp. com
经　　销：新华书店总店北京发行所
印　　刷：中煤（北京）印务有限公司

开　　本：787×1092　1/16 开
印　　张：10. 25
字　　数：210 千字
版　　次：2017 年 8 月第 1 版
印　　次：2017 年 8 月第 1 次印刷
定　　价：29. 00 元

ISBN 978-7-5679-0852-9

实验动物专业技术人员等级培训教材编委会

总　编　秦　川

主　编　陈民利　卢　静　谭　毅

主　审　魏　强　卢金星　刘云波

编写人员（按姓氏笔画排列）

孔立佳　卢　静　卢金星　朱　华　刘云波
刘恩岐　杨　斐　吴宝金　陈丙波　陈民利
郑志红　秦　川　高　虹　常　在　崔淑芳
谭　毅　魏　强

前 言

为推进我国实验动物从业人员队伍的专业化、职业化建设，规范实验动物从业人员分类，加强实验动物从业人员岗位和等级技能培训及资格评定工作，中国实验动物学会实验动物标准化专业委员会发布《实验动物 从业人员要求》（T/CALAS 1-2016）团体标准。标准规定了实验动物从业人员的分类，资格要求、能力要求以及资格培训及评定等。依据实验动物从业人员所从事工作的性质，实验动物从业人员分为六个系列：分别为实验动物技术人员系列，实验动物管理人员系列，实验动物医师系列，实验动物研究人员系列，实验动物辅助人员和实验动物阶段性从业人员。

为使实验动物从业人员学习和掌握系统规范的专业知识，规范培训和资格认定工作，加强实验动物技术人员资格培训工作，中国实验动物学会组织教学、科研一线的专家特别编写了《实验动物专业技术人员等级培训教材（初级、中级、高级）》、《实验动物医师培训教材》、《实验动物设施负责人培训教材》等一系列培训教材，以帮助实验动物从业人员从理论到技能循序渐进地掌握实验动物常用技术，提升技术人员水平。《实验动物专业技术人员等级培训教材》，根据《实验动物 从业人员要求》中将实验动物技术人员分为实验动物助理技师、实验动物技师和实验动物技术专家三类的要求，分别按照初级（适合 A-1 类考试）、中级（适合 A-2 类考试）和高级（适合 A-3 类考试）编写而成。

初级培训教材针对从事实验动物工作初期、理论知识不足或学历层次不够、技术水平不高、入行时间不长的实验动物技术人员而设计，主要内容包括实验动物科学发展历史和目的、基本概念、发展进程，常规实验动物的基本生物学特点、饲养管理、环境设施要求与卫生、健康管理和疾病预防，以及安死术和实验设计与方法等基本知识和技术。

中级培训教材针对已经掌握初级实验动物技术人员应掌握的技术、学历较高、具备一定知识水平的实验动物技术人员而设计，主要内容涉及开展生物医学研究相关的实验动物和动物实验技术，包括实验动物解剖、生理特点以及实验动物培育、饲养、繁殖、疾病控制、设施管理、生物安全等内容。

高级培训教材针对长期从事并熟练掌握实验动物技术的人员而设计，内容在初、中级培训教材的基础上做了拓展，包括了分子生物学和遗传工程领域的知识和技术。

本丛书将为实验动物专业技术人员等级培训资格考试的培训教材，是实验动物专业技术人员理论和技术水平提升的重要参考资料。

本丛书内容丰富详实，图文并茂，理论与实际工作相结合，既可作为实验动物专业技术从业人员的专业培训教材，也可作为从事医学、药学及其他生命科学领域的广大科研技术人员的参考用书。

生命科学及实验动物科学发展迅速，新知识、新技术更新很快，由于编者知识和能力有限，内容难免有疏漏和谬误之处，我们期待您对内容的更正或建议以使本系列教材不断更新完善。请将您的建议通过电子邮件 calas@ cast. org. cn 直接反馈给中国实验动物学会。

中国实验动物学会理事长　秦川

2017 年 5 月

目 录

第一篇
绪　论

本篇旨在使新入行的实验动物从业人员，特别是想成为实验动物助理技师的人员，熟悉实验动物科学的基础知识和技术，掌握多种实验动物的饲养、管理方法；理解实验动物的相关法规、政策、规定以及动物设施环境要求、动物的异常表现、安全和清洁管理、日常记录、违规行为、常规治疗、保健、环境卫生和消毒程序；实验动物助理技师人员应该提供重要的动物饲养信息，负责动物的福利实施，协助动物实验人员进行良好的动物实验。

第一章 实验动物科学的发展历史和目的

实验动物学是研究实验动物饲养技术以及实验动物的营养、行为、健康、生产和管理等各种相关技术手段的科学和技术。实验动物医学主要研究实验动物的疾病诊断、治疗和预防等。从 19 世纪 50 年代起，实验动物学迅速发展，培养了大批实验动物专业技术人员，促进了实验动物饲养、培育及实验动物医学的发展，加强了信息的交流。

一、动物实验的发展

实验动物学的形成是从动物实验开始的。科学研究中实验动物的应用促进了实验动物学的发展。希腊科学家亚里士多德（Aristotle）通过解剖动物，了解了动物的内在差别，从而奠定了比较解剖学和胚胎学的基础。

公元 2 世纪，古罗马著名医师和解剖学家盖仑（Galen）通过用猪、猴等动物进行实验，制定了实验研究的规则，提出了只有通过实验研究才能促进医学等科学的进步理念，这也是最早比较医学的概念。

欧洲文艺复兴的到来，促进了动物实验的兴起，尤其是 19 世纪后半叶，包括解剖学等学科都有了较大的进展，例如首次使用疫苗预防感染、使用乙醚作为麻醉剂等，都经过了动物的测试实验。

20 世纪早期，化学、放射学、药学、遗传学、免疫学和其他基础科学的发展为科学研究提供了新的工具，也被广泛应用于动物实验研究。

20 世纪 50 年代，随着各国政府对医学研究资助的增加，动物实验也得到进一步的发展，人道的使用动物也开始被重视，逐步成为一个新的学科。

二、实验动物管理组织机构

为了促进实验动物科学的发展，许多发达国家都设立了相应的机构。如：英国 1947 年成立了实验动物局，后改为实验动物中心；美国 1950 年成立了实验动物管理小组，后改为美国实验动物科学学会；1956 年，国际实验动物科学理事会在美国成立。

1965 年，国际实验动物管理评估和认可委员会（Association for Assessment and Accreditation Laboratory Animal Care International，AAALAC International，简称 AAALAC）创立，它

提倡高标准的动物福利，为动物福利和实验项目审查提供了可操作系统。全球范围的动物实验设施均可自愿参加此委员会审查的范围涉及对符合这些高标准的实验动物福利设施、现场参观、评估和认证。目前，AAALAC 已经认证了超过 950 个机构。

1987 年，中国实验动物学会成立，该学会是我国广大实验动物科技工作者的学术组织，主要职能是促进实验动物科学技术的交流、普及、繁荣与发展，促进实验动物科技队伍的成长，促进实验动物科技与经济建设相结合，为会员和实验动物科技工作者职业发展服务，为实验动物科学理论、科学技术和产业发展服务，极大地促进了我国实验动物科学的发展。

1988 年原国家科学技术委员会颁布 2 号令《实验动物管理条例》。条例规定我国实验动物工作实行政府逐级管理。国家科学技术部主管全国实验动物的管理工作，统一制定我国实验动物的发展规划，确定发展方向、发展目标和实施方案。省、自治区、直辖市科技主管部门主管本地区的实验动物工作。国务院各有关部门负责管理本部门的实验动物工作，有关部门或地区设立实验动物管理委员会，专门负责实验动物管理工作。包括实验动物许可证管理工作、实验动物质量监督、实验动物从业人员培训与考核等的管理工作，以及实验动物及其相关产品的质量管理。实验动物工作从此走向法制化管理。

2005 年 3 月 18 日，国家标准化管理委员会正式批准成立了“全国实验动物标准化技术委员会”（简称实验动物标委会），2005 年 5 月实验动物标委会成立大会在北京召开。实验动物标委会的成立，标志着我国实验动物科学研究及产业的标准化工作进入了崭新阶段，向管理科学化、市场规范化迈出了坚实的一步。实验动物标委会成立后，在标准计划完成、上报标准制定修订计划、标准审查、标准调研、标准清理、标准体系建设、标准咨询和宣传以及国际标准化活动等各项工作中取得了较大的进展。

近年来，各实验动物机构纷纷成立实验动物管理与使用委员会（Institutional Animal Care and Use Committee，IACUC），该委员会作为机构的实验动物工作审查和监管组织，主要审查和监督本单位开展的有关实验动物的研究、繁育、饲养、生产、经营、运输，以及各类动物实验的设计、实施过程是否符合动物福利和伦理原则。

三、实验动物助理技师的职责

中国实验动物学会依据国家《实验动物管理条例》的要求，制定实验动物从业人员的标准，并分级管理包括实验动物助理技师（assistant laboratory animal technician，ALAT），实验动物技师（laboratory animal technician，LAT），实验动物技术专家（laboratory animal technologist，LATG）等。

实验动物助理技师在兽医和实验动物技术专家或者设施管理员的监督下，进行日常的动物饲养管理，如日常的饲养和操作、清洁动物房和笼具、监测环境条件和维护记录（图 1-1）。

1. 日常饲养　实验动物助理技师的基本职责是负责饲养好动物，管理好动物，以保证研究人员的实验数据不受动物饲养管理方面的影响。要求每天观察动物状况，并及时检查

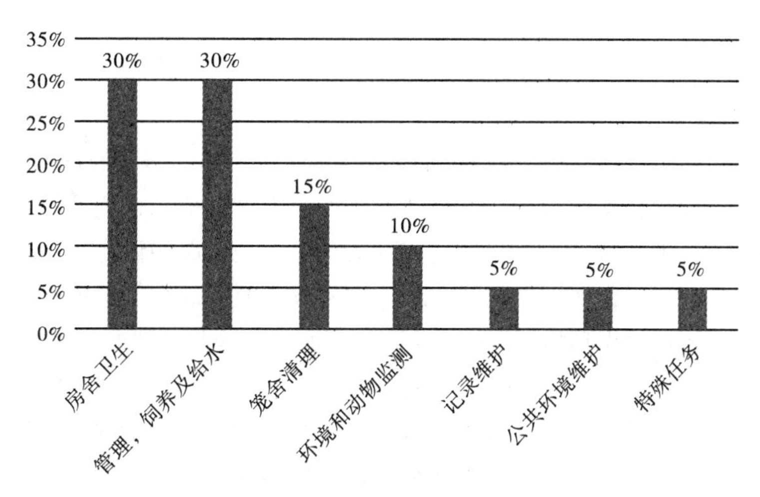

图 1-1 实验动物助理技师的职责

和报告潜在的问题。实验动物助理技师长期与动物在一起，往往能在第一时间发现疾病的迹象、不适当的居住条件或器具等问题，是能及时报告动物是否出现问题的人员。同时，要求实验动物助理技师重视动物饲养管理过程中的福利和伦理方面内容，遵守使用实验动物的相关规定。实验动物助理技师还应了解研究机构在动物护理和使用动物方面须遵从的道德、福利和伦理标准，以及国家和当地政府制定的动物使用相关的管理条例，以便于其了解对研究人员和实验动物应负的责任。

2. 消毒、灭菌及日常观察工作 实验动物助理技师能实时观察和报告动物环境空间的温度、换气次数、昼夜周期和湿度的变化；能捉拿、固定以及判别常用实验动物的性别，掌握动物性别、特性等鉴定的各种方法，记录实验数据；也应当能辨认出实验动物常见临床疾病的征兆、饮食习惯的变化、粪便或尿沉积物的异常变化、异常行为及死亡；并能提供常规的治疗，诸如实施耳疥螨虫药物治疗和修剪过长的趾甲等工作。

3. 记录工作 准确的记录对于研究项目和机构设施的运行是至关重要的。例如，不适当的笼具或错误的动物鉴定会使实验中断或使结果无效；正确的笼具清洗、维护记录及消毒记录有助于研究机构设施的高效率运行和卫生标准达标。准确、及时的记录如环境、卫生和鉴定可提供基本信息，对动物的健康极其重要。因此，实验动物助理技师必须在自己的职责范围内提供准确、清晰的记录。

4. 时间安排、管理 标准化的清洗、饲养和观察时间表有助于进行持续合理的实验动物照料。假期、周末和节日时的员工值班表应确保动物得到适当的照顾，并且不会中断正在进行的研究。动物实验的合理时间安排很大程度上依赖实验动物助理技师。

5. 纠错工作 实验动物助理技师若对要实施的实验方案存在疑惑，务必要问清楚，一旦出现了动物记录出错、动物标签错误，或消毒剂浓度不当等问题，若不能及时发现并纠正，将引发严重问题。实验动物助理技师应及时确认，发现错误应及时上报设施负责人和研究人员。

四、动物实验伦理

Webster 词典将“伦理学”定义为：①荣誉和道德准则；②接受的行为准则；③个人道德准则。由于认知问题，动物实验一直受到一些人的责难，他们认为这是不道德的。即使实验能够使动物和人类受益，人类仍没有权利去杀戮动物。那些认为动物和人类利益优先于动物实验的人们，同样也认为必须用合乎伦理的方式使用动物。这就意味着动物实验必须遵循一定的规则，以确保动物使用符合伦理道德原则，这些规则可总结为 3R 原则。动物实验的 3R 原则得到普遍公认，即替代（replacement）、优化（refinement）和减少（reduction）。减少：在满足实验目的、得到正确数据、产生科学效益的情况下，尽可能使用最小数量的动物做实验。替代：尽可能使用细胞、组织培养或者数学、电子模型的方法替代动物。优化：尽可能优化实验方案以减轻动物的压力或疼痛。

第二章　实验动物学的基本概念

实验动物学（laboratory animal science，LAS）是以实验动物为主要研究对象和研究重点，并将培育的实验动物应用于生命科学等研究领域的一门综合性基础学科。它包括了实验动物和动物实验两部分内容。前者主要围绕着实验动物种质培育和保存、生物学特性、生活环境、饲养繁殖与管理、质量控制、野生动物及家畜禽的实验动物化等开展有关研究，使实验动物品种、品系不断增加，质量不断提高，最终达到规范化和标准化的要求。后者主要以各学科的研究目的为目标，研究实验动物的选择、动物实验的设计、试验方法与技术、动物模型的制造、影响动物实验结果各因素的控制以及在试验中实验动物反应的观察和结果外延分析等，以满足生物医学研究需要，保证科研教学活动中动物实验的质量。即前者重点是研究如何提供高质量的实验动物，后者是研究如何应用实验动物解决科学问题。

第一节　实验动物

实验动物（laboratory animal，LA）是指经人工培育，对其携带微生物和寄生虫实行控制，遗传背景明确或者来源清楚，用于科学研究、教学、生产、检定以及其他科学实验的动物。从广义来说，凡是用于实验的动物，统称为“实验用动物”。但实验用动物不等于实验动物；实验用动物，包括实验动物、野生动物、经济动物、警卫动物和观赏动物等等；而实验动物是一个特定的概念，仅仅是实验用动物中的一个特殊群体。实验动物强调其先天的遗传性状、后天的繁育条件、微生物和寄生虫携带状况、营养需求以及环境因素等方面受到全面控制的动物。控制的目的是为了实验应用，保护接触和应用实验动物人员的健康，排除干扰因素，保证实验结果的可靠性、精确性、均一性、可重复性以及可比较性。

一、实验动物遗传学分类

按遗传学控制原理，将实验动物分成近交系、杂交群及封闭群。

（一）近交系（inbred strain）

至少经过连续 20 代的全同胞兄妹交配培育而成，品系内所有个体都可追溯到第 20 代或以后代数的一对共同祖先。经连续20代以上亲代与子代交配与全同胞兄妹交配有等同效果。近交系以兄妹交配方式维持。近交系的近交系数（inbreeding coefficient）大于99%。

还有一些特殊类型的近交系动物，是以近交系动物为背景，经过基因重组或使之携带突变基因所培育的近交系动物。如，重组近交系（recombinant inbred strain）、同源突变近交系（coisogenic inbred strain）、突变导入近交系（congenic inbred strain）、分离近交系（segregating inbred strain）等。

1. 近交系动物特点

（1）基因纯合性：基因组中几乎所有基因位点的两个基因都纯合，包括隐性基因也纯合，品系将保留和表现所有遗传性状，有利于形成疾病模型。

（2）遗传稳定性：每一代纯合子之间繁殖，下一代位点上的基因组成保持恒定，有利于遗传性状长久不变，优良性状得以保持。

（3）品系遗传同源性：品系内所有个体的遗传结构，可以追溯到同一祖先，有利于生物学特性对比。

（4）品系遗传组成和表现性状一致性：由于品系内所有个体与祖先具同源性，所以全部个体之间的遗传结构及表现性状也相同，这使得实验研究的结果尽可能一致。

（5）品系间遗传组成和表现性状独特性：由于育种过程中，不同基因分配到各个近交系中，并且加以纯合固定，因此所形成的不同近交系遗传结构存在差异，表现性状也有差别，利于品系多样性，更适合各种不同的实验研究。

（6）品系间遗传概貌可辨认性：各品系间不同生物学性状形成的遗传标记，组成一定的遗传概貌，以利于动物品系的鉴别区分。

（7）对实验反应的敏感性：由于近交衰退，品系某些生理过程中的稳定性降低，对外界因素变化，包括实验刺激更为敏感，增加了近交系动物的灵敏度。

（8）资料完整性：近交系动物品系多，分布广泛，各系间差异大，因此其资料较丰富。另外动物性状稳定遗传，保持的资料有沿用价值。

2. 近交系动物应用特点

（1）近交系动物个体之间遗传差异很小，对实验反应一致，可以消除杂合遗传背景对实验结果的影响，统计精度高，因此在应用中，只需使用少量动物就能进行重复定量实验。

（2）近交系动物个体间主要组织相容性抗原一致，因此是涉及组织、细胞或肿瘤移植实验必不可少的动物模型，例如近交系大鼠适合脏器移植。

（3）由于近交，隐性基因纯合，其病理性状得以暴露，可以获得大量先天性畸形及先天性疾病的动物模型，如糖尿病、高血压等。这些动物遗传背景清楚，是进行疾病分子机制研究的理想实验材料。

（4）某些近交系肿瘤基因纯合，自发或诱发性肿瘤发病率上升，并可以使许多肿瘤细胞株在动物上相互移植传代，成为肿瘤病因学、肿瘤药理学研究的重要模型。

（5）同时使用多个近交系，分析不同遗传组成对某项实验的影响，或者观察实验结果是否具有普遍意义，例如研究同一基因在不同遗传背景下的作用，或研究不同基因在同一遗传背景下的功能。

（二）杂交群动物（hybrids animal）

由两个不同的近交系杂交产生的第一代动物，简称 F1 代。有时为了特殊目的也采用种群之间杂交。

杂交群动物的双亲来自两个不相关的近交系，主要有以下特点：

1. 具有杂交优势，避免近交系抵抗力较低的缺点，具有较强的生命力、适应性和抗病能力。

2. 遗传均一，各个个体的基因型相同，是其父母基因型的组合。

3. 表型一致，每个个体的遗传物质均等来自双亲，虽表现杂合性，但个体间遗传均质性好，实验可以重复，表现一致性。

4. 常具有两系双亲的生物学特性，能将父母品系的显性性状集中遗传到同一个体上。

5. 由于基因互作，可产生不同于双亲的新的性状，成为表现症状的自发型动物模型。

（三）封闭群（closed colony）

以非近亲交配方式进行繁殖生产的一个实验动物种群，在不从其外部引入新个体的条件下，至少连续繁殖 4 代以上，其群体的近交系数应<1%，也称远交群（outbred stock）。

封闭群动物的关键是不从外部引进新的基因，同时进行随机交配，以保持动物群体基因杂合性，这样封闭群动物的生产力、生育力均会超过近交系。

封闭群动物就其群体而言没有引进新的个体，其遗传特性及反应性可保持相对稳定；但群内个体则具有杂合性，主要有以下特点：

（1）呈遗传多态性：封闭群动物在同一基因位点上，包含更多的等位基因，即具有更高的基因多态性，表现对较多的外界刺激因子呈现反应。

（2）封闭群动物多数基因处于杂合状态，具有较强的杂交优势，表现为抵抗力、生产力及生活力多优于近交系。

（3）对某种特定刺激的反应性及重复性不及近交系，群体遗传接近自然种属特征。

二、实验动物微生物学等级分类

根据国家标准，按微生物和寄生虫的控制程度，将实验动物的微生物标准划分为普通级动物、清洁级动物、无特定病原体级动物和无菌级动物（包括悉生动物）四个等级。

1. 普通级动物（conventional animal，CV）普通级动物是微生物和寄生虫控制级别最低的实验动物，要求不携带所规定的人兽共患病和动物烈性传染病病原体，如沙门菌、结核分枝杆菌、狂犬病病毒和兔出血症病毒等。

2. 清洁级动物（clean animal，CL）清洁级动物是除普通级动物应排除的病原体外，不携带对动物危害大和对科学研究干扰大的病原体的实验动物。

3. 无特定病原体动物（specific pathogen free animal，SPF）无特定病原体动物也简称为SPF动物，是指除清洁动物应排除的病原体外，不携带主要潜在感染或条件致病和对科学实验干扰大的病原体的实验动物。它除了不带有普通动物应排除的烈性传染病和人兽共患病病原体外，还不带特定的能干扰科学研究的病原微生物和寄生虫，如铜绿假单胞菌和金黄色葡萄球菌等。

4. 无菌级动物（germfree animal，GF）和悉生动物（gnotobiotic animal，GN）无菌级动物是指用现有的检测技术和方法在动物体内外的任何部位均无可检出一切生命体的实验动物。

悉生动物也称已知菌动物或已知菌丛动物（animal with known bacterial flora），是指在无菌动物体内接种入已知细菌来培育的动物。

第二节 动物实验

实验动物应用于生命科学研究的目的是获取新的知识，并用这些知识来改进人类和动物的未来生活。开展动物实验需要人员、资金、仪器设备和动物饲养设施。我国科研经费一部分来自政府机构，如国家科技部和一些省市科技部门及当地政府的财政资助；一部分来自所在使用单位的资助，亦有部分来自于机构本身开展动物试验技术服务的收入，包括进行动物代饲养、动物实验操作等服务收入。

一、研究项目

在研究项目（research program）开始之前，一般由科研人员、实验人员写出详尽的研究计划方案，即研究项目申请书。申请书中对研究的具体目的和预期研究结果进行说明，并描述实现这些目标所使用的研究方法。如果实验人员计划使用动物作为研究的一部分，必须提供实验动物申请书，说明为什么要使用动物，在动物身上做什么试验以及在整个试验过程中怎样饲养及照料动物。方案需提交研究机构的实验动物福利、伦理委员会（IACUC）审核，判断使用动物的方案是否合理。如果通过审查，方可进行动物实验。

二、研究团队

研究团队（members of the team）的大小依赖于研究类型和可用资源的多少。一般情况下，研究团队包括项目负责人、研究技术员、实验动物兽医和实验动物技术员。

（一）项目负责人

项目负责人（principal investigator，PI）是在整个研究过程中负责计划和协调的科学家，他们提出思路、准备方案。项目负责人和研究技术人员一同实施实验并解释数据，对实验结果负责。

（二）研究人员

研究人员承担实验方案中具体的研究任务。包括观察实验动物、实施实验检测和帮助准备实验。收集、整理和分析研究数据。根据人员级别和知识水平不同，承担上述工作中的不同工作。

（三）实验动物技术人员

实验动物技术人员是研究团队中的重要成员，承担很多动物饲养的工作，对维持动物健康非常重要。他们要控制不良环境因素，如制定设施清理时间表、消毒方法、饲料及垫料、湿度、温度、光线或噪声等。这些因素对实验数据有影响，如果控制不当，将导致实验动物生理发生变化，导致疾病或虚弱。实验动物技术人员一旦发现任何异常，应及时通知兽医进行医学观察，使动物获得适当的医疗照顾和治疗。

实验动物技术人员应尽可能多掌握动物饲养和实验动物科学领域的知识，遵守规章制度和操作规范，并向项目负责人和监管者报告所有信息，包括环境变化、动物操作方法的变化和日常管理工作中出现的问题等。这就需要实验动物技术人员具备丰富知识、经验、坚定的信心和诚实的态度。

（四）实验动物医师

实验动物医师应该协调动物护理工作，并为项目负责人提供关于动物、模型选择和应用的建议。此外，他们还负责动物群体的健康维护，确保整个研究团队遵守各种规章制度。

三、研究团队以外的相关人员

为项目研究提供实验设施、饲料垫料等供应品和所使用的动物等，应保障项目研究质量的需要。

（一）动物设施的维护人员

实验动物设施的维护人员应及时向主管领导和项目负责人报告实验动物饲养设施环境的改变，或环境改变后出现的问题。

（二）实验动物与动物饲养相关产品供应者

实验动物供应者应提供满足具体的实验需求和国家标准的实验动物，动物饲养的相关产品生产者提供的笼具、专业设备、饲料和垫料等也必须能满足实验要求及相关标准、法律法规所规定的基本要求。

四、实验动物管理与使用委员会

每个研究机构应设立实验动物管理与使用委员会（Institutional Animal Care and Use Committee，IACUC），其成员由研究机构的主管领导任命，IACUC 要定期向项目负责人或研究机构的主管领导报告工作。IACUC 负责监督本机构中的动物研究项目，审查所有用到实验动物的研究方案，以确保动物照料和使用合理，并且遵循相关规章制度、机构政策和标准化操作规范。IACUC 需要每年定期检查研究机构中的动物设施，评估动物福利项目，并将发现的不足之处及修正计划报告给研究机构的负责人。IACUC 提供的报告是研究机构内动物福利、伦理问题的信息来源。

五、动物实验方案

实验方案是研究项目中动物使用规程的详细描述。IACUC 审查批准所有用到动物的实验方案。IACUC 应从实验的科学价值及动物的合理应用等方面审核方案，重点是福利保障。

IACUC 必须根据基本的科学准则及实验动物使用的法律和规范做出决定。如果提交的方案不能满足这些标准，IACUC 会要求项目负责人做出修改或者直接拒绝批准项目的实施。

第三节 动 物 福 利

实验动物的销售、代理、运输、饲养或使用动物做研究的单位或机构都应当遵守动物福利的相关法规和要求。

一、动物福利的要求

涉及实验动物福利内容包括设施、动物操作、饲养、给水、卫生、通风、运输、隔离和防疫等动物饲养管理等。动物生产单位和研究机构都应有动物购买和处置过程的记录表，根据记录来统计每年动物使用的详细情况。为了能够遵守动物福利的相关规定，饲养动物的研究机构应该做到以下几点：

1. 在当地科技部门申领实验动物使用许可证并登记备案。
2. 使用统一的鉴别标记或标签记录实验动物的来源和使用情况。
3. 要求使用人员提交项目使用的动物的数量（按动物品种分类），同时还要提交导致动物疼痛和刺激的实验方案，并保证动物受到最低限度的疼痛和刺激。
4. 不同物种的动物要分开饲养，为每个动物提供适当的生活空间和环境。
5. 达到或超过笼具和设施卫生的标准。
6. 提供合适的兽医护理。
7. 在运输和接收动物时须使用有水和食物的合适容器并维持适当的温度。
8. 定期对使用动物的研究人员、动物技术员和其他使用动物的相关人员进行培训。

9. 要求研究人员使用狗等大动物时，应进行适当的相关训练。

10. 进行科学合理的实验操作，在可能引起长时间疼痛的实验过程中须使用麻醉剂、镇痛剂或镇静剂。

11. 禁止在同一个动物身上做一个以上的危险外科手术，除非有科学依据证明其合理性。

12. 考虑使用可能引起动物疼痛或紧张实验的替代方法。

13. 建立IACUC，对设施定期检查以评估动物福利及应用，使动物疼痛及紧张感最小化。

为了确保遵守所有的这些规范，各省市的实验动物管理办公室会定期派专家和检查员去研究机构进行现场检查。实验动物专家和检查员要查看动物、设施和机构的记录情况。

二、实验动物福利法规

2006年9月，国家科技部发布《关于善待实验动物的指导性意见》，该指导性意见使我国在动物福利立法方面迈出了可喜的第一步，结束了我国没有专门的动物福利法规的历史，填补了我国实验动物福利管理法规的空白，促进了我国在实验动物管理方面与国际的接轨。该指导性意见要求实验动物生产及使用单位应设立IACUC，以保证本单位实验动物设施、环境符合善待实验动物的要求，实验动物从业人员得到必要的培训和学习，动物实验实施方案设计合理，规章制度齐全并能有效实施，并协调本单位实验动物的应用者尽可能合理地使用动物以减少实验动物的使用数量。指导性意见对动物的饲养、使用和运输等过程作了具体的要求。

（一）饲养管理过程中善待实验动物的要求

1. 实验动物生产、经营单位应为实验动物提供清洁、舒适、安全的生活环境。饲养室内的环境指标不得低于国家标准。

2. 实验动物笼具、垫料质量应符合国家标准。笼具应定期清洗、消毒；垫料应灭菌、除尘，定期更换，保持清洁、干爽。

3. 各类动物所占笼具最小面积应符合国家标准，保证笼具内每只动物都能实现自然行为，包括：转身、站立、伸腿、躺卧、舔梳等。笼具内应放置供实验动物活动和嬉戏的物品。孕、产期实验动物所占用笼具面积，至少应达到该种动物所占笼具最小面积的110%以上。

4. 对于非人灵长类实验动物及犬、猪等天性喜爱运动的实验动物，应设有运动场地并定时遛放，运动场地内应放置适于该种动物玩耍的物品。

5. 饲养人员不得戏弄或虐待实验动物。在抓取动物时，要方法得当，态度温和，动作轻柔，避免引起动物的不安、惊恐、疼痛和损伤。在日常管理中，应定期对动物进行观察，若发现动物行为异常，应及时查找原因，采取有针对性的必要措施予以改善。

6. 饲养人员应根据动物食性和营养需要，给予动物足够的饲料和清洁的饮水。其营养成分、微生物控制等指标必须符合国家标准。应充分满足实验动物妊娠期、哺乳期、术后恢复期对营养的需要。对实验动物饮食进行控制时，必须有充分的实验和工作方面的理由，并报 IACUC 批准。

7. 实验犬、猪分娩时，宜有兽医或经过培训的饲养人员进行监护，防止发生意外。对出生后不能自理的幼仔，应采取人工喂乳、护理等必要的措施。

（二）应用过程中善待实验动物的要求

1. 实验动物应用过程中，应将动物的惊恐和疼痛减少到最低程度。实验现场避免无关人员进入。在符合科学原则的条件下，应积极开展实验动物替代方法的研究与应用。

2. 在对实验动物进行手术、解剖或器官移植时，必须进行有效麻醉。术后恢复期应根据实际情况，进行镇痛和有针对性的护理及饮食调理。

3. 保定实验动物时，应遵循“温和保定，善良抚慰，减少痛苦和应激反应”的原则。保定器具要结构合理、规格适宜、坚固耐用、环保卫生、便于操作。在不影响实验的前提下，对动物身体的强制性限制宜减少到最低程度。

4. 处死实验动物时，须按照人道主义原则实施安死术。处死现场，不宜有其他动物在场。确认动物死亡后，方可妥善处置尸体。

5. 在不影响动物实验判定的情况下，应选择“仁慈终点”，避免延长动物承受痛苦的时间。

6. 灵长类实验动物的使用仅限于非用灵长类动物不可的实验。除非因伤病不能治愈而备受煎熬者，猿类灵长类动物原则上不予处死，实验结束后单独饲养，直到自然死亡。

（三）运输过程中善待实验动物的要求

实验动物的国内运输应遵循国家有关活体动物运输的有关规定；国际运输应遵循有关规定，运输包装应符合国际航空运输协会（International Air Transport Association，IATA）的要求。实验动物运输应遵循的原则：

1. 通过最直接的途径本着安全、舒适、卫生的原则尽快完成。

2. 运输实验动物，应把动物放在合适的笼具里，笼具应能防止动物逃逸或其他动物进入，并能有效防止外部微生物侵袭和污染。

3. 运输过程中，能保证动物自由呼吸，必要时应提供通风设备。

4. 实验动物不应与感染性微生物、害虫及可能伤害动物的物品混装在一起运输。

5. 患有伤病或临产的怀孕动物，不宜长途运输，必须运输的，应有监护和照料。

6. 运输时间较长的，途中应为实验动物提供必要的食物和饮用水，避免实验动物过度饥渴。

7. 在装卸过程中，实验动物应最后装上运输工具。到达目的地时，应最先离开运输工具。

8. 地面或水陆运送实验动物，应有人负责照料；空运实验动物，发运方应将飞机航班号、到港时间等相关信息及时通知接收方，接收方接收后应尽快运送到最终目的地。

9. 高温、高热、雨雪和寒冷等恶劣天气运输实验动物时，应对实验动物采取有效的防护措施。

10. 地面运送实验动物应使用专用运输工具，专用运输车应配置维持实验动物正常呼吸和生活的装置及防震设备。

三、良好实验室操作规范

良好实验室操作规范（good laboratory practice，GLP）适用于动物和非动物研究。这些研究包括人用或兽用药品检测、食品或色素添加剂、医疗设施和生物产品检测。

为了符合 GLP 标准，动物设施必须满足很多要求。例如：

1. 为所有的饲养管理和科学研究过程书写标准化操作规程（standard operating procedures）。SOP 中详细描述清洁、饲养或在兔或犬身上采血是如何实施的，所有工作人员必须熟悉 SOP 并按照 SOP 完成工作。

2. 做好人员培训计划，为每一位人员建立工作档案，包括培训和实践记录以及表现评估。

3. 掌握正确的消毒技术。

4. 提供合适的日常护理、饲养管理和兽医治疗及对每个动物提供准确的行为记录。

5. 把不同种类的动物分开饲养并为其提供独立设施，这能最大程度的避免其他行为对研究的干扰。

6. 在项目完成后应保留所有文件。

四、机构的规章制度

除必须遵守国家和地方的条例和法律外，大多数高等院校、研究院所和企业等实验动物机构都有内部规章制度和标准操作规程，科学家和技术人员进行动物研究时也必须学习和遵守的。

第四节 实验动物技术人员

经实验动物福利和动物实验培训的技术人员，具备了专业知识，随着国家医学、生命科学的发展，获得的工作机会不断增加，可从事的工作领域也在不断扩大。公共卫生医疗研究机构、生物学和生物医学研究和教育机构、药物和生物产品制造商、化学和消费品制造商、动物饲料供应商和商业化实验动物供应商都需要实验动物专业人才。

在大多数情况下，实验动物助理技师主要负责动物饲养和笼舍消毒工作，在取得更多的经验和教育后，他们可以获得晋升资格和达到中国实验动物学会（Chinese Association for Laboratory Animal Sciences，CALAS）的资格评定水平。实验动物助理技师主管动物饲养记录、食物、垫料和器具等的管理，也承担研究或者辅助兽医的任务，此外，他们还执行动物饲养管理和设施维护等工作，在职位和责任上助理技师可以晋升到实验动物技师。

实验动物助理技师（assistant laboratory animal technician，ALAT）和实验动物技师（laboratory animal technician，LAT）都有责任向他们的监督者报告动物的健康状态。通过学习获得更多的经验和知识，LAT 有机会申请实验动物科学领域内更高的职位，ALAT 和 LAT 还可通过当地中国实验动物学会分会提供的继续教育项目进行学习。大多数单位都会重视人员的晋升愿望，也会支持参加继续教育。专业的经验、训练和知识有助于实验动物技师获得实验动物技术专家的资格评定。实验动物技术专家的工作责任常常涉及到机构功能和工作人员的整体管理。

第二篇
实验动物学的科学基础

实验动物技术人员需具备基础科学知识和相关的技术技能满足其工作需要。本篇既包括理论知识又包括实践知识，将有助于助理实验动物技术人员熟悉基本的科学概念和动物生物学相关术语。理论知识将有助于助理实验动物技术人员理解他们参与的研究，实践知识有助于助理实验动物技术人员掌握相关技术技能。这些实践技能和理论知识能有效帮助他们与科学家进行有效沟通，并且有利于他们在实验动物科学职业生涯上的成长。

为了提高技能以从事更高级的技术工作如给药、麻醉和手术帮助，助理实验动物技术人员还需要能阅读、学习高级课程。

第三章　科学引言

第一节　科学术语

在生物学和医学中，了解一定的英文术语会提高知识水平，就科学术语的英文而言，看起来结构较复杂，但实际上这些术语的英文是多个术语的组合，一般包括前缀、词根和后缀三部分。前缀是描述性的，位于一个词的前部；词根是被描述的对象；后缀常位于一个词的尾部，通常也是描述性的。例如，“生物学（biology）”是由意思为生命的词根“生物（bio）”和意思是研究的后缀“学（-logy）”组成。那么，“生物学（biology）”就是研究生命的意思。词根“病理（patho）”是疾病的意思，因此“病理学（pathology）”是研究疾病的意思。前缀“抗（anti-）”意思是抵抗、对抗，因此术语“抗生素（antibiotic）”的字面意思是抵抗生命，经常用来描述杀死引起疾病的细菌的药物。一个患有糖尿病的动物（或人）可能有较高的血糖（glucose，sugar），这被称为高血糖（hyperglycemia）。前缀“高（hyper）”意思是多，后缀“血液（emia）”、词根是“糖（glyc）”。多数科学术语都可分解为这几部分，这使得他们更容易理解。表 3-1 仅列举了部分词缀和词根。实验动物技术员应该熟悉常用的科学术语，理解不同含义，以便更好地与科学家、兽医和研究团队中的其他成员进行交流。

表 3-1　部分术语词根词缀对照表

前　缀	词　根	后　缀
a-（无）	bio（生物）	-algia（疼痛）
ante-（前）	cardio（心脏）	-cide（处死）
anti-（抗）	cyto（细胞）	-ectomy（手术切除）
bi-（两个）	dermo（皮肤）	-itits（炎症）
con-（完全）	entero（肠的）	-logy（学）
ecto-（外部）	gastro（胃的）	-lysis（分解）

续 表

前 缀	词 根	后 缀
endo-（内部）	hemo（血）	-oma（肿瘤）
hemi-（一半）	hepato（肝脏）	-osis（疾病状态）
hyper-（高、大于）	lacto（牛奶）	-tomy（切开）
hypo-（低、小于）	neuro（神经元）	
inter-（在两者之间）	osteo（骨骼）	
intra-（在内）	oto（耳朵）	
iso-（等同）	patho（疾病）	
macro-（大）	podo（足）	
micro-（小）	tricho（头发）	
neo-（新）		
pseudo-（伪、假）		

第二节　化学基本原理

宇宙中的所有物质，不管是生命机体或非生命物质都是由基本化学物质——原子构成的。根据原子的质量和特点，我们确定了组成元素的各种原子。在生物学中常见的一些重要元素及其标准符号列举如下：

碳（C）氮（N）氧（O）钙（Ca）氢（H）钠（Na）磷（P）铁（Fe）

多数原子作为单独的单位是不稳定的，因此，它们会与其他元素结合起来。例如，一个氧原子通常和另一个氧原子结合形成稳定的双氧原子复合物，这种复合物称为分子，在这个例子里也就是氧分子。氧分子常书写为 O_2，是常在空气中发现的氧的存在形式。一些元素的原子常和别的元素的原子结合起来形成更复杂的分子。例如两个氢原子和一个氧原子结合形成水分子（H_2O），两个氧原子和一个或两个碳原子结合形成一氧化碳（CO）或二氧化碳（CO_2）。

化学反应是不同分子间相互作用和原子重新组合形成新物质的过程。食物消化、麻醉剂体内代谢、细菌和抗生素之间的相互作用、医学中药物过量的毒性和激素对孕妇的作用都涉及化学作用。研究发生在活体生物中的化学反应称之为生物化学。

作为实验动物技术人员，应该认识到正常动物机体存在化学反应的动态平衡（称之为内稳态）。不良的饮食、药物剂量过高、对杀虫剂的不必要接触、实验动物技术人员没能及时报告、空气氨浓度过高等，诸多失误都会导致动物体内化学平衡发生改变。我们并不完全依赖助理实验动物技术人员能够发现所有的潜在问题，然而，技术员必须熟知标准的操作规范，减少不必要的化学反应，避免对动物和研究数据产生影响。

第三节　度量衡单位

科学发展基于我们对距离、重量、体积或温度这些度量的准确计量。科学界无一例外使用这些公制。因此，实验动物技术人员熟悉这些公制是非常重要的。所有的公制单位都是基于十进制。重量单位是克（g），长度单位是米（m），体积单位是升（L）。而温度有用两种计量单位，美国人用华氏温度（℉）而科学家和大多数别的国家用摄氏温度（℃）。摄氏温度有时称为百分温度，这是因为冰点（0℃）和沸点（100℃）分为100份。华氏温度转化为摄氏温度的公式：℃=5/9（℉-32）或℃=（℉-32）/1.8；摄氏温度转化为华氏温度的公式：℉=9/5（℃）+32或℉=（1.8×℃）+32。实验技术人员应记住常用的温度变化，如：72℉室温大约是22℃，36℉冰箱温度大约是4℃，32℉冰点（水的）是0℃，212℉沸点（水的）是100℃，98.6℉的人体温度是37℃。

第四章 细胞和组织结构

为了正确照料实验动物，协助研究人员更好地进行实验操作，实验动物技术人员须了解相关动物的正常行为和功能。解剖学和生理学知识能够帮助实验动物技术人员识别动物的异常行为和功能以及准确地报告观察到的各种变化。技术人员对于解剖学和生理学知识懂得越多，对于整个研究团队的价值就越大。

第一节 解剖学和生理学

解剖学和生理学是关于细胞、组织和器官的学科。大体解剖学描述的是在没有辅助工具帮助下，肉眼可以直接观察到的动物的组织结构。组织学是解剖学的一个分支，主要讲述各种组织细胞在显微镜下的微观形态。生理学则是研究活体生物各种组织器官的功能，换句话说，就是研究生物体各组成部分是如何工作的。动物机体内的每一个细胞、组织和器官在动物体中都执行一个或多个特殊的功能。这些细胞、组织和器官以及它们各自功能的共同作用使得动物能够存活、生长和繁殖。

大多数实验动物是脊椎动物，都有一个由骨组成的脊柱。小鼠、大鼠、犬、鸟和鱼等都是可以用做实验研究的脊椎动物。实验动物的解剖学和生理学研究揭示了这些物种的许多相似性，而不同物种之间的比较有助于研发出更多动物模型用于人类和动物疾病的研究。

第二节 机体组织

动物机体的结构有三种认知水平：细胞水平、组织水平和器官水平。组织是由许多不同类型的细胞和细胞间质构成，器官是由不同类型的组织构成。

一、细胞

动物细胞有三个组成部分，每个部分有其特有的功能。

1. 细胞膜　围绕着细胞并且选择性地允许营养和气体通过，比如让氧气进入细胞并且让代谢物及其他物质运出细胞。

2. 细胞核 含有细胞的遗传物质，这些遗传物质可以指导细胞合成蛋白质并发挥功能。

3. 细胞质 包含营养物质和细胞器，这些细胞器是细胞发生生物化学反应的结构单位（图 4-1）。

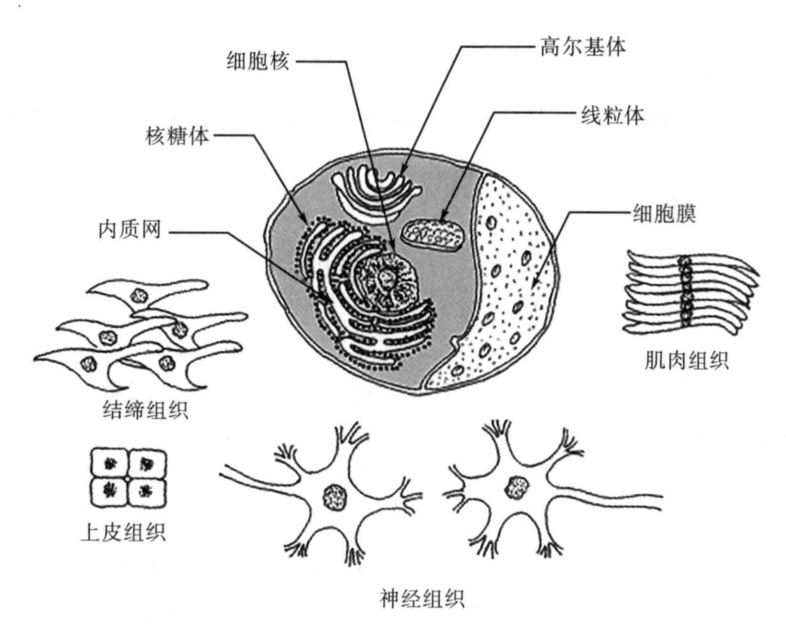

图 4-1 动物细胞

细胞的一些反应过程是主动的，这些反应的发生需要能量，例如将营养物质分解成它们的组成成分是一个主动的反应过程。细胞内还有一些其他的反应过程是被动的，这些过程的发生有些是细胞内外浓度差导致的，例如水进入细胞膜就是一个被动的细胞过程。

二、组织

多细胞动物的细胞发生于有相似解剖类型的细胞群。他们通过细胞之间的物质联系起来。这些细胞群组成组织，每个组织类型有其特定的功能，但是大多数组织是辅助性的，并不直接执行特定的功能。下面介绍四种基本组织类型及其功能。

1. 结缔组织 连接在一起或者支持细胞、组织或者器官。骨骼、肌腱和皮下组织都是连接组织。

2. 肌肉组织 在刺激时能够收缩，执行运动功能，维持姿势和产生热量。

3. 神经组织 高度分化的组织，在整个身体内传导神经冲动。脑、脊髓和周围神经都由神经组织组成。

4. 上皮组织 覆盖于机体表面、排列在体腔内表面或构成腺体。它的功能是作为一个保护性屏障来抵抗组织外的各种环境。皮肤和口腔的黏膜表面就是上皮组织。

第三节 解剖学名词特点

每一个学科都有各自的专业术语，解剖学尤其如此。一些特有的解剖学名词被用来描述位置或与某个结构的关系。有些术语可能指机体部位，例如头盖是针对头部来说的。有些术语也可能指某些特定的结构，比如口就是针对口腔来说的。机体内许多结构的名字与其他结构有关，如桡动脉和桡神经的命名是由于它们与桡骨邻近。某些部分的结构描述有区域性名称，如腹肌和胸椎就是如此命名的。

第四节 大体解剖学结构

脊椎动物的身体是两侧对称的，大部分结构在两边都是一样的。换句话说，如果身体平均分成左右两部分（一些器官除外），每一半是另一部分的镜像。

身体分三个主要部分：头、躯干和四肢。头部包括了主要的感觉器官（眼、耳、鼻）和脑，它们被颅骨保护。头部通过颈部连接着躯干，躯干部有两个腔：胸腔（内有心脏和肺）和腹腔（内有消化、生殖和排泄器官）。四肢是被连接起来的附属肢体，四肢起源于躯干部，它们包括前肢和后肢。在大多数四肢动物中，四肢是最主要的运动器官。在一些非人灵长类中，尾巴也有辅助运动的功能。

第五章　器官和器官系统

许多饲养管理和研究技术是以实验动物的解剖学和生理学知识为基础的。如固定、注射和血液采集技术通常要使用解剖学术语来指导动物实验技术人员操作。同样，熟悉各个器官系统的功能也是很重要的，因为这些系统的功能是实验动物设施环境中进行诊断、饲养和实验操作的基础（图 5-1）。

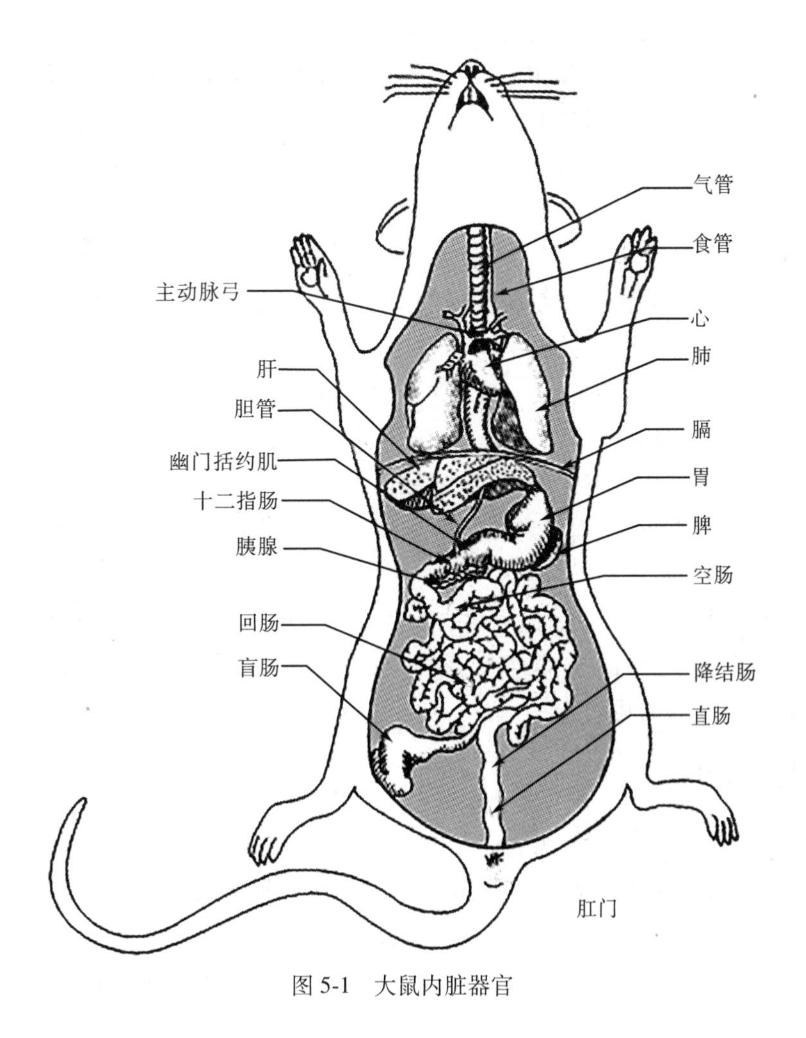

图 5-1　大鼠内脏器官

器官由不同类型的组织构成，它们执行一个或者多个动物必需的功能。多种器官紧密联合在一起，分工合作完成一定的生理功能，形成一个系统，系统执行特定的机体功能。系统并不能单独发挥功能，每一个系统都依赖于其他系统，共同维持机体的存活。如心脏是循环系统的一部分，泵出血液到达全身，它大部分是由许多特殊的肌肉组织组成，还有结缔组织、神经组织和上皮组织共同参与构成。神经系统用来自机体各个部分的反馈信息控制着心脏。如果没有动脉、静脉和循环系统的其他部分，心脏就不能够执行其功能。脊椎动物的身体由 11 个主要器官系统构成，包括上皮、骨骼、肌肉、循环、淋巴、呼吸、消化、泌尿、生殖、神经和内分泌系统。

第一节 上皮系统

皮肤或者被皮，覆盖动物全身并且与外界环境分隔起到保护动物的作用。被皮的保护作用对于维持机体的代谢功能是非常重要的，比如体液平衡和温度调节，防御病原微生物的入侵等。皮肤是由几层组织构成的，每一层都由致密的细胞构成。

不同动物品种的上皮系统存在着显著差异。如鱼的皮肤是由嵌在皮肤表面的鳞片构成。鸟有羽毛及腿、脚和喙上的鳞状上皮。所有哺乳动物的特征是具有毛发。

第二节 骨骼系统

动物机体的框架主要是骨骼系统支撑的。甲壳类、昆虫类和许多其他无脊椎动物具有外部骨骼或者叫外骨骼。大多数脊椎动物有内部骨骼或者叫内骨骼，这是被软组织覆盖的骨或软骨结构。不论是脊椎动物还是无脊椎动物，骨骼的框架决定了动物的外形，起到支持、保护和利于运动的功能。

内骨骼保护脊椎动物机体内的许多内部结构。如脑颅是一个坚硬的骨组织结构，把脑包在其里面。心和肺位于一个半坚硬但具有弹性的“笼子”里面，这个“笼子”是由胸骨、肋骨和脊椎构成的。

骨骼给肌肉提供附着点进而利于动物的运动。骨骼通过彼此之间的韧带而连接起来，肌肉则通过肌腱附着于连接在一起的骨骼上。肌肉收缩然后将力量传递给骨骼，导致骨骼产生类似杠杆活动一样的运动。

一、骨骼组织

脊椎动物的骨有两种组织类型：骨和软骨。脊椎动物有暂时性的和永久性的两种软骨。骨一开始时是以暂时性的软骨的形式出现，软骨在胎儿或者幼龄动物体内柔软又富有弹性，随着动物成熟，就发生钙化逐渐变硬。机体内的钙被吸收进入软骨并且转化成骨。永久性的软骨，比如位于肋骨部、椎间盘、关节面、喉和气管等是不发生钙化的。骨是由活的细胞和无活性的钙化基质构成。基质使骨骼变得坚硬，细胞使骨骼能够生长和修复。

二、骨骼的分类

骨根据形状可以分成四个类型：长骨、短骨、扁骨、不规则骨。比较下列几种骨，部分具有典型形状的骨（图 5-2）。

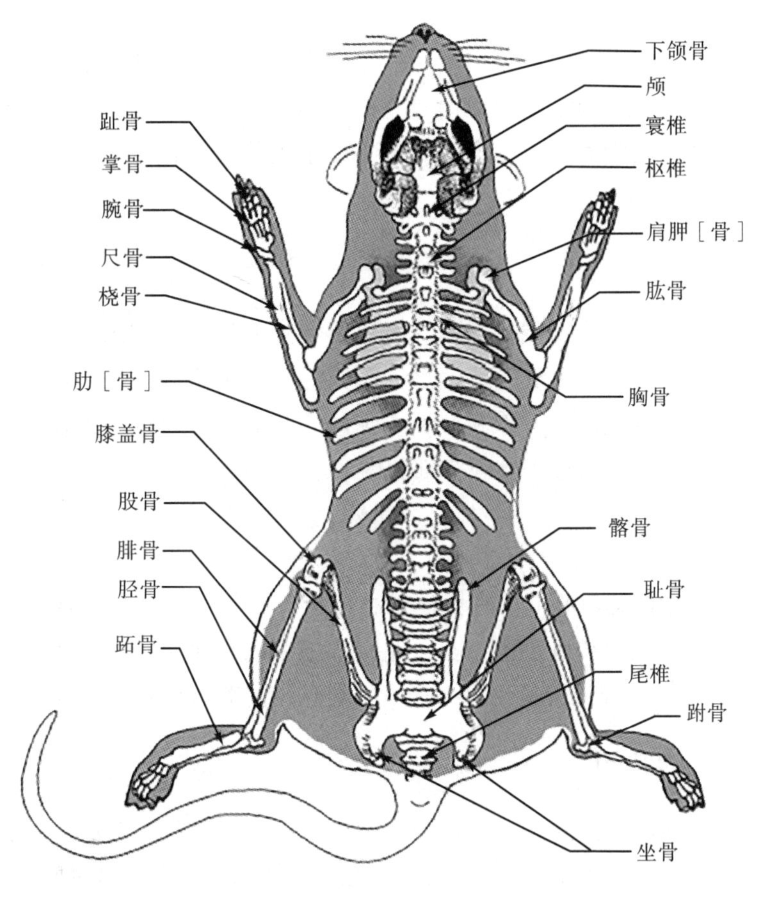

图 5-2　大鼠的骨骼结构

1. 长骨　股骨、胫骨、腓骨、趾骨、肱骨、桡骨、尺骨和指骨。
2. 短骨　腕骨和跗骨（腕和踝）。
3. 扁骨　肋骨、肩胛骨和颅盖骨部分。
4. 不规则骨　椎骨、下颌骨、颅底骨部分及骨盆的一部分。

以上骨可分为两大部分：中轴骨和附肢骨。中轴骨组成身体的中央躯干，附肢骨组成四肢，附属于中轴骨。

第三节 肌肉系统

肌肉组织几乎存在于机体的所有部位。肌肉能够收缩和舒张，牵引骨骼产生运动。肌肉运动控制身体移动、姿势保持、消化系统的食物通道，循环系统的血液流动以及眼睛的聚焦能力。因为肌肉细胞占身体的比例大且具有主动性，机体大部分的热量是由肌肉细胞产生的。

肌肉收缩放松实现了人体的各种运动。一般说来，当接收到神经信号刺激的时候肌肉开始收缩。自觉的或者外部刺激引起肌肉自主的收缩，比如肢体的运动。不自觉的或者内部刺激引起不自主的肌肉收缩，如心率和消化管平滑肌的运动等。

第四节 循环系统

细胞通过获得氧气和营养物质，清除二氧化碳和其他代谢废物来维持生命，这是循环系统的首要功能。此外，循环系统还运输激素和其他化学物质调节机体的功能。体细胞并不直接接触血液。呼吸的气体、营养和血液中弥散的其他物质通过毛细血管壁进入细胞外液，细胞外液环绕着细胞，通过细胞膜与细胞内液产生交换。

一、血液

血液是循环系统中的运输媒介。它由血浆和悬浮于其中的各种不同类型的血细胞组成，血细胞包括红细胞、白细胞和血小板三类，这些细胞可以在血浆中自由地游动。大多数动物的血浆占整个血容积的55%，其余的45%由红细胞、白细胞和血小板组成。

二、循环系统的结构

1. 心脏　哺乳动物和鸟类的心脏是由四个腔室的肌肉型器官组成，心脏位于胸腔内（图5-3）。根据路径不同，总血液循环又分为肺循环和体循环。心脏最主要的功能就是将血液泵到动脉血管内。通过肺循环，在肺部毛细血管内，红细胞接受氧气释放出二氧化碳，然后富含氧气的血返回心脏，再经体循环到机体的其他部位。

2. 血管　血管是一系列复杂分支的管道。根据其血流方向及管壁结构特点，可把血管分为三种类型：带着血液离开心脏的动脉血管，带着血液返回心脏的静脉血管，及连接动脉和静脉的毛细血管。

机体内最大的动脉是主动脉，主动脉是向全身各部输送血液的主要导管，也叫大动脉。动脉血管的血管壁较厚，因为动脉内有一定的压力，借助压力才能将血液运输到毛细血管。

静脉血管的血管壁较薄，内有瓣膜，静脉血回流心脏的动力来自心脏的舒张、胸腔负

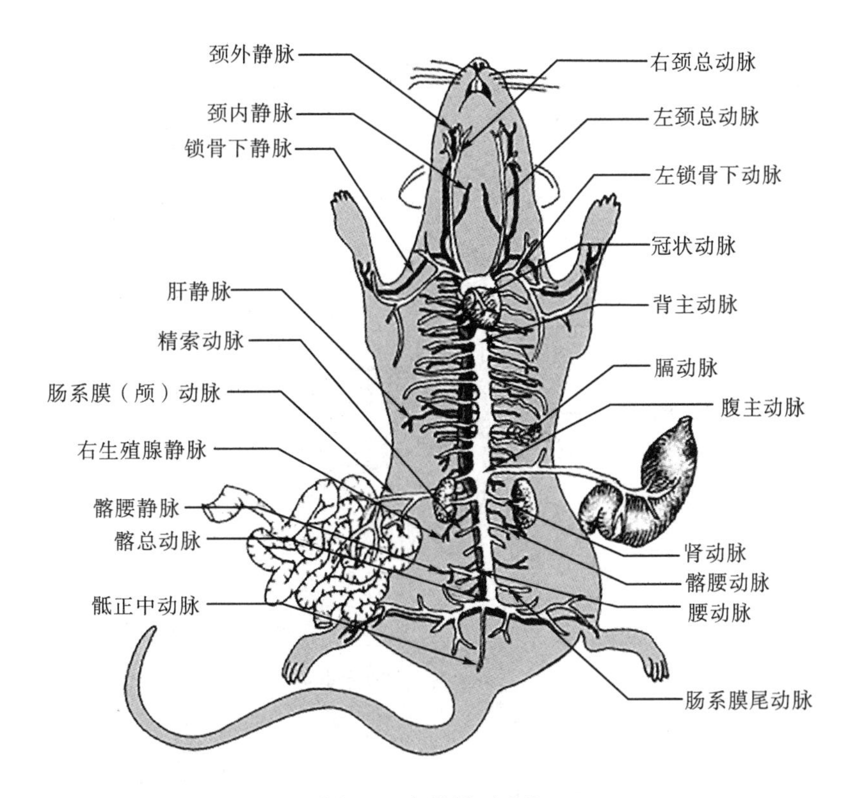

图 5-3　大鼠循环系统

压、伴行动脉的搏动及体位变动。

毛细血管是体内分布最广、管壁最薄、口径最小的血管，是气体及营养交换的场所。由于毛细血管壁薄，有较高通透性，使血液中的氧气和营养物质能通过管壁进入组织，组织中的二氧化碳和代谢产物也能通过管壁进入血液，从而完成血液与组织间的气体交换和物质交换。

第五节　淋巴系统

淋巴系统包括淋巴器官和淋巴管道（图 5-4）。淋巴器官是机体的过滤机器，和皮肤一起，抵抗外源性病原微生物入侵。淋巴管道是循环系统的延伸，协助静脉将多余的组织液运输到循环系统，以此调整组织和血浆之间的体液平衡。

淋巴液循环始于细胞间，通过淋巴管进行运输。淋巴液穿过许多淋巴结然后朝着心脏流动，淋巴液在淋巴结被过滤，去除死细胞、细菌和其他外来物质。净化后的淋巴液通过淋巴管返回到心脏，在心脏中再次成为血液的一部分。

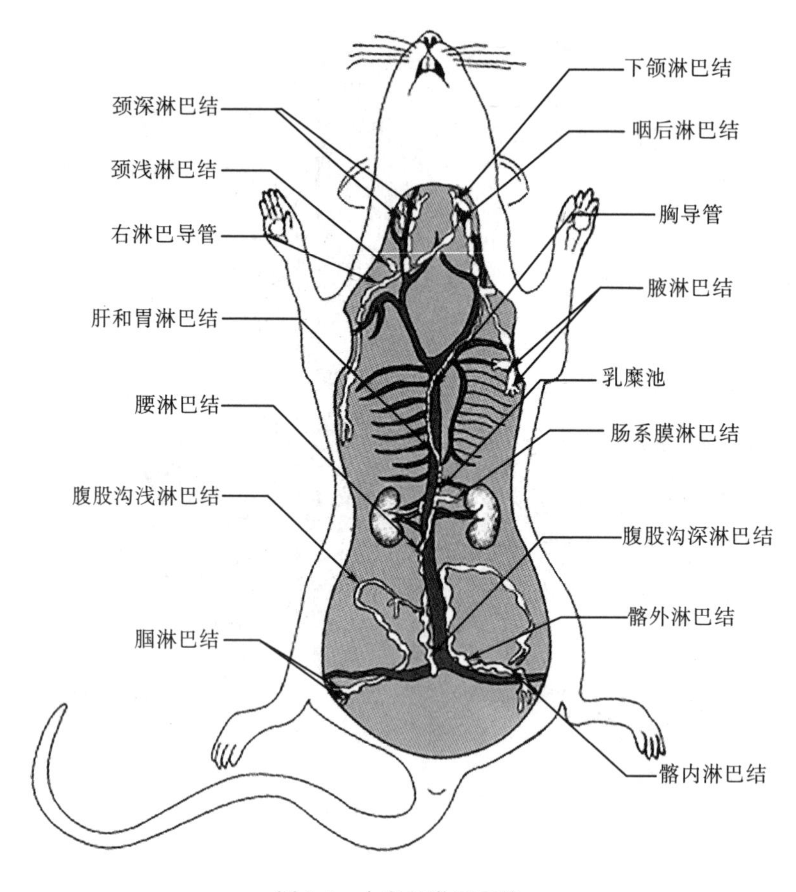

图 5-4　大鼠的淋巴系统

第六节　呼 吸 系 统

呼吸的过程就是有机体和外界环境之间进行气体交换的过程，主要是氧气和二氧化碳之间的交换。气体交换是细胞和围绕着细胞的组织液之间的气体交换。空气被吸进肺后释放氧气到肺部毛细血管内的血液中，再通过血液循环被带到机体的各个组织。二氧化碳是细胞代谢产生的最主要的废物，通过血液循环运送到肺，并且由肺排出。脊椎动物的呼吸系统同时还辅助发声，调节体温和排出水分（图 5-5）。

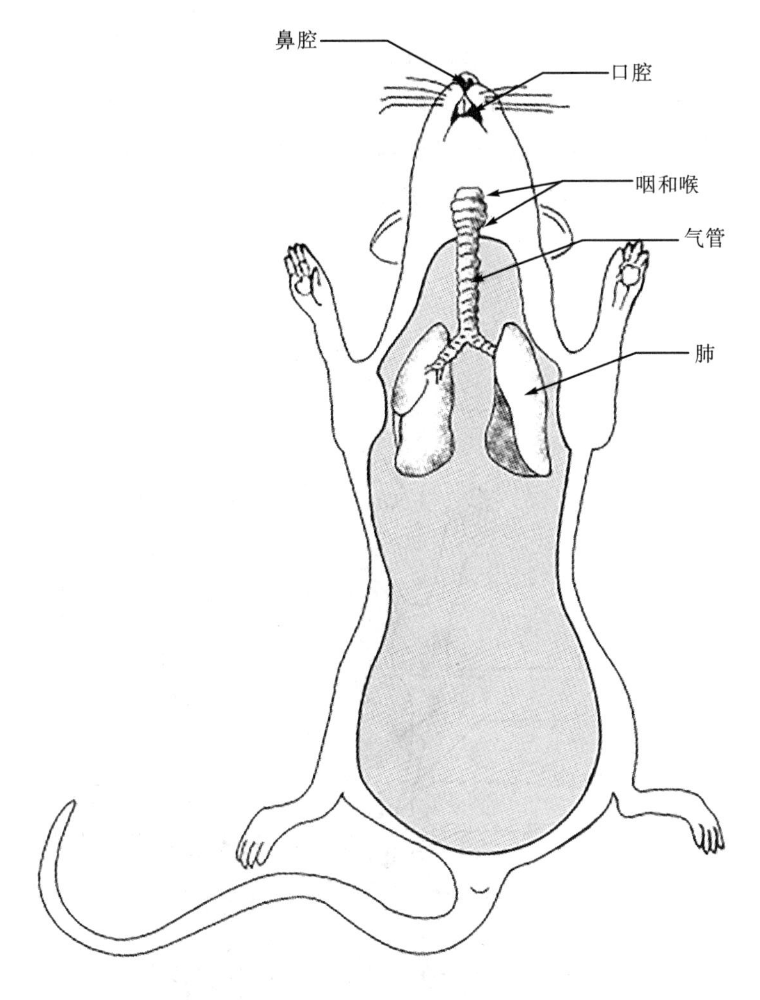

图 5-5 大鼠的呼吸系统

第七节 消 化 系 统

不同种类动物取食物的习性各不相同，这种习性成为食性。通常依其食性，将动物分成三大类：肉食动物、杂食动物和草食动物。狗、猫和雪貂等是肉食动物。猪、灵长类动物和啮齿目动物是杂食动物，这些动物既吃植物也吃肉类食品。兔、豚鼠、马、羊和牛等只吃植物，是典型的草食动物。

动物食性类型不同，胃和消化道等的解剖学特征也不一致。肉食动物，有与人相似的简单的单胃。草食动物和一些杂食动物需采食大量的粗饲料。许多草食动物中，胃肠道的一部分已经进化成“发酵池”，通过细菌化学分解粗饲料来达到辅助消化的功能。反刍动物，比如山羊、牛和绵羊，辅助消化的过程是在瘤胃中进行的，瘤胃是反刍动物四个胃的其中一个。兔子、马和大多数啮齿目动物辅助消化的过程发生在盲肠内。这些特有的器官给特定类型的微生物提供了一个理想的居住环境，这些微生物能够发酵动物的食物。这些微生物和宿主是互利共生的关系，动物为微生物的生存提供了一个居住的环境，微生物辅助分解粗饲料，将其变成可以吸收的营养物质利于动物机体的吸收（图 5-6）。

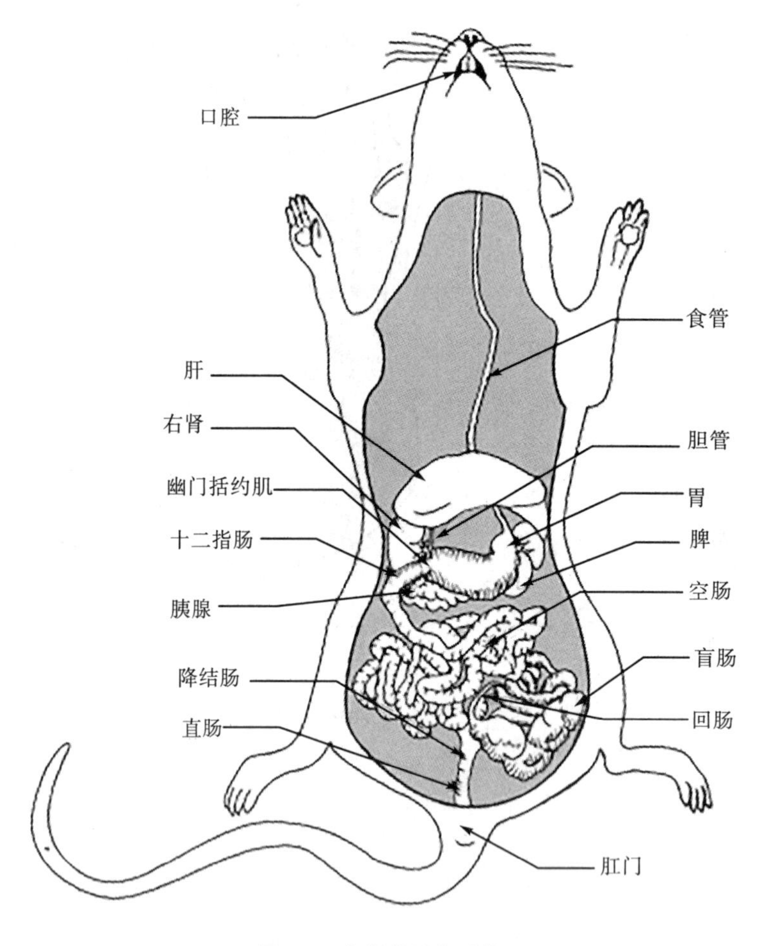

图 5-6 大鼠的消化系统

第八节 泌尿系统

动物机体内环境稳定性的维持很大程度上依赖于泌尿系统（图 5-7）。肾将血液进行过滤，并且滤过不需要的化学物质，与此同时回收水分和一些必要的营养物质进入再循环。多余的水分和不需要的营养物质以尿的形式排出体外。大多数动物的尿液清澈微黄。正常兔子的尿液是浑浊的，有时候呈赤褐色。鸟类和爬行类动物的尿液是白色的。

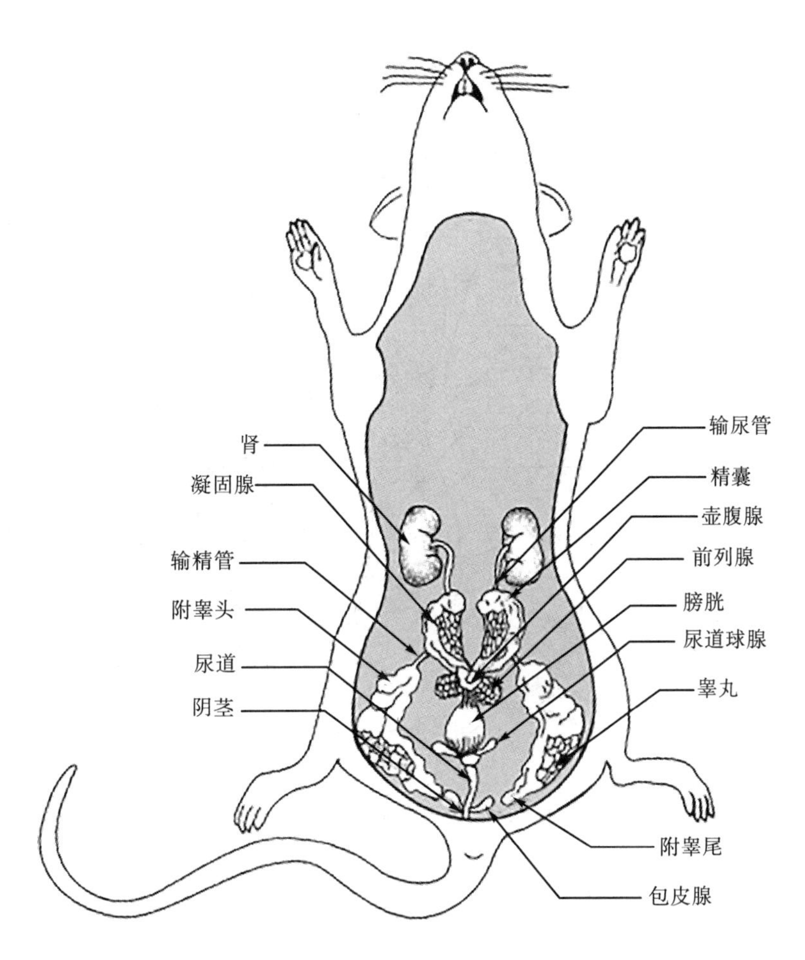

图 5-7　雄鼠的泌尿和生殖系统

第九节　生 殖 系 统

生殖器官的发育主要由激素控制，大多数是由脑垂体或者性腺控制的。哺乳动物的生殖器官有显著的性别差异。雌性生殖腺为卵巢，而雄性生殖腺为睾丸。卵巢产生的卵子和睾丸产生的精子结合，称为受精。随后，受精卵开始在子宫内膜种植、分裂，直到形成新的生命体（图 5-8）。

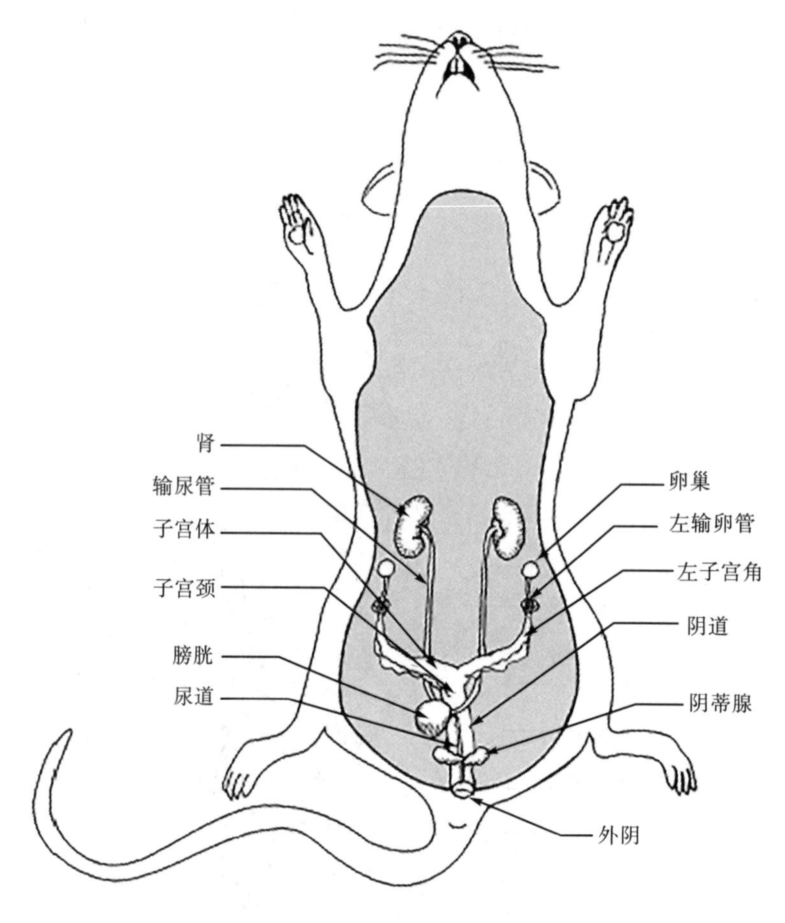

图 5-8 雌鼠的生殖和泌尿系统

第十节 神经系统

神经系统是机体内起主导作用的系统，分为中枢神经系统和周围神经系统两部分。中枢神经包括脑和脊髓，周围神经是指脑和脊髓以外的神经成分，包括脑神经、脊神经及自主神经。神经系统对于自主运动（如走路、说话）、不自主运动（如心率、消化）以及各种感觉器（视觉、听觉、触觉、味觉和嗅觉）的功能都是必不可少的。脑评估并处理机体神经传过来的信息，并且通过神经使机体的相应的部分做出适当的应答（图 5-9）。

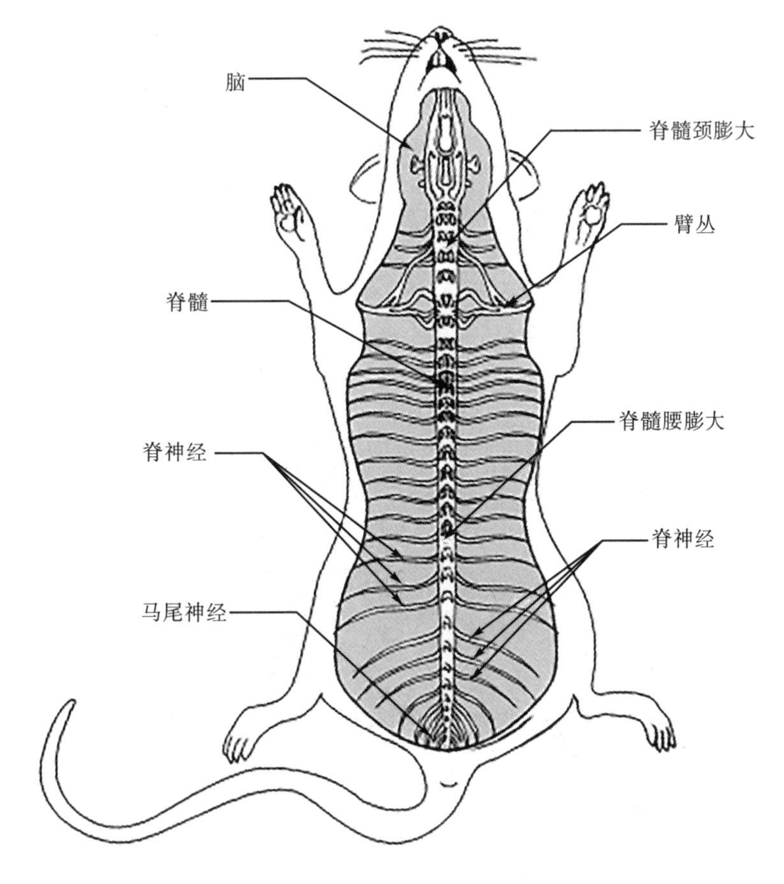

图 5-9　大鼠的神经系统

第十一节　内分泌系统

内分泌系统是由一些腺体组成的，这些腺体产生一种或者多种激素。这些激素通过扩散，穿越毛细血管，进入血液系统，通过血液循环到达靶器官。激素是调整机体功能的化学性物质，比如消化、代谢、青春期、生殖和衰老等过程。垂体、胸腺、甲状腺、肾上腺等就是内分泌器官（图 5-10）。

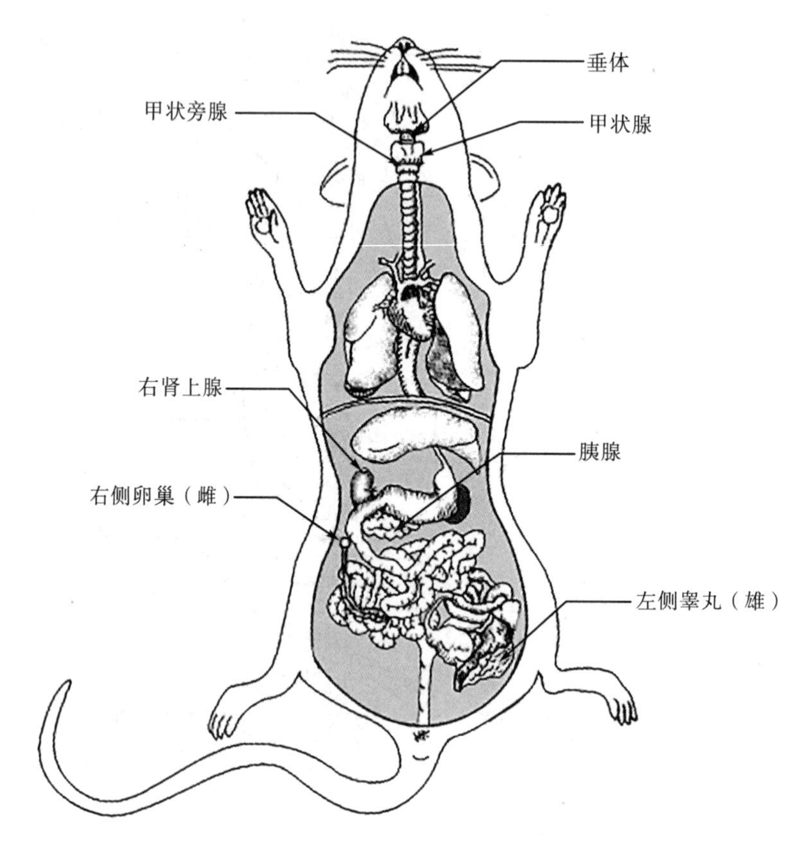

图 5-10 大鼠的内分泌系统

第六章　饲料和营养

饲料和营养是实验动物生长、繁殖、遗传和各种生物学特性得以充分表达的最直接、最重要的影响因素之一。作为食物的饲料是动物摄入营养的主要来源，饲料品质的优劣对实验动物质量和动物实验结果均有直接影响。食物中的养分科学上称为营养素。食物和水分中的营养素为动物提供能量和生长的原材料。营养学是对动物摄取水分和食物以及利用营养物质消化代谢过程的研究科学。消化是指动物吞咽摄取的食物被机体分解成较小的分子并且通过肠壁被吸收进入血液的过程。血液将这些营养物质运送到机体各个部位并且被机体内的细胞利用。在细胞内，化学反应将这些化合物分解成简单的分子，释放能量，这些小分子用于合成新的复合物，比如蛋白质等。生物体内所发生的用于维持生命的一系列有序的化学反应的总称即为代谢。

第一节　营 养 物 质

营养是指机体不断从外界摄取食物，经过消化、吸收、代谢和利用身体需要的物质来维持生命活动的过程。食物中的水、蛋白质、脂肪、糖类、维生素和矿物质是维持生命必需的营养物质。每一种营养物质在机体不同的反应过程中发挥着特有的功能。正如机器运行一样，活的有机体需要有能量维持运行，糖类、蛋白质和脂肪都能提供能量。

动物摄取的营养物质包括必需的和非必需两种营养物质。必需营养物质是无法在体内合成足够数量而需要由食物来维持机体健康的营养物质。不同种实验动物对于营养成分有不同的需求。例如维生素 C，豚鼠、非人灵长类和人类的食物中必须含有维生素 C，但它对于其他物种来说未必需要，因为维生素 C 能够通过正常的机体代谢而产生。有些营养物质可能需求的量很少，比如几千克体重的动物仅需要几毫克营养物质，维生素和大多数矿物质就是这类营养物质。

一、水

水是最重要的营养物质，是新陈代谢反应和其他机体反应过程发生的介质，也是各种物质运输的载体。动物失去其全部贮能物质如糖类和脂肪，以及 50%的机体蛋白仍可存活。

但如果没有水，动物仅仅能够幸存几天。机体缺失10%~20%水分就可能导致动物死亡。

二、蛋白质

蛋白质是组成人体一切细胞、组织的重要成分。蛋白质是复杂的分子，是由不同种类和顺序的长链状的氨基酸组成的。蛋白质是构成肌肉、软骨、皮肤和血管等组织的基本材料。酶、一些激素及像血红蛋白这样的载体分子，也是由蛋白质组成的。如果动物在能量的吸收方面存在缺陷，那么动物机体中的蛋白，如肌肉或其他组织，就会被代谢用来提供能量。

三、脂肪

脂肪是组成细胞膜最重要的结构成分。单位重量的脂肪比糖类和蛋白质含有更多的热量。脂肪的一个最主要的功能是提供和储存能量。脂肪还具有隔离、缓冲和保护内脏器官，储存和运输脂溶性的维生素，合成激素等重要作用。

四、碳水化合物

碳水化合物由C、H、O三种元素组成的一大类化合物，是摄取能量的主要来源。它们也是机体的重要组成部分，可不经消化液的作用，直接被机体所吸收和利用。

单糖是最简单的碳水化合物，具有甜味，易溶于水，可直接被吸收利用。最简单的单糖有葡萄糖、果糖和半乳糖。葡萄糖是碳水化合物的最基本的形式。糖原也叫动物淀粉，是动物体内贮存葡萄糖的一种形式，是通过化学键连接起来的多糖复合物，哺乳动物的酶能够很容易地破坏这些化学键。单糖是机体新陈代谢主要的能量来源。但动物体内摄入大量的糖类之后，单糖都转化为葡萄糖的形式被吸收，有剩余的糖作为糖原首先储存在肝脏和肌肉组织，当这些储存组织达到饱和的时候，多余的糖类就转化成脂肪。

五、维生素

维生素是动物进行正常新陈代谢活动所必需的营养素，属小分子的有机化合物。虽然动物的需要量甚微，但对调节代谢的作用很大。它们可以促进新陈代谢化学反应过程。维生素种类很多，一般根据溶解性不同，分为水溶性维生素和脂溶性维生素。

水溶性维生素很少或几乎不在体内贮存，因此必须由食物供给。水溶性维生素主要有B族维生素和维生素C。植物和动物的非脂肪组织包含有水溶性维生素。抗坏血酸（维生素C）和维生素B复合物（硫胺素、核黄素、抗癞皮病维生素、维生素B_6、维生素B_{12}、叶酸和生物素）都为水溶性维生素。

脂溶性维生素包括维生素A、维生素D、维生素E、维生素K，贮存在植物和动物的脂肪里。动物通过脂肪的消化和代谢为机体提供脂溶性维生素。由于吸收后可在体内贮存，与水溶性维生素不同，过量的脂溶性维生素储存在脂肪中，并不排出体外。

任何维生素的过多或缺乏都会引起严重的疾病。例如长期缺乏维生素 C 营养的摄入会引起维生素 C 缺乏病。这种疾病在实验动物（豚鼠和非人灵长类）中经常出现，通常是由于饲料储存的时间过长或者环境温度过高导致食物中维生素分解破坏。

六、矿物质

矿物质又称为无机盐或灰分，机体所含的各种元素中，除碳、氮、氢、氧主要以有机化合物形式存在外，其余的统称为无机盐。动物的正常生长与维持至少需要 21 种矿物质或者无机元素。矿物质，比如钙、磷和钠，是骨和全身细胞组织的结构成分。钠作为电解质，调节机体内的盐平衡。

虽然一些矿物质动物需要的量极少，但对机体的各种生理过程起着重要作用。如微量元素铁，存在于血红蛋白和肌红蛋白中，充当氧气携带者，参与血液对氧的运送过程。

和维生素一样，食物中的矿物质过多或缺少都会引起严重的疾病。例如矿物质钙的重要功能之一就是维持肌肉的收缩，包括心肌的收缩。钙缺乏会导致骨骼发育不良，这是因为机体会将钙从骨骼中运出以维持血液中钙的水平来保持心肌的收缩。

七、能量代谢

大多数动物采食是用来提供维持它们自身需要的能量，通常需要给每种动物提供能够满足其能量需求的食物量。

在生物系统中，动物生命活动如呼吸、细胞代谢、运动、消化、神经冲动的传导、细胞分裂和生长等都需要能量。能量的计量单位是卡路里（简称卡）。1 卡表示在常压与 20℃ 的条件下，使 1 克的水升高 1℃ 所需的热量。营养以千卡来表示能量单位。任何一袋动物饲料的包装都有一个标签或者表格注明定量食物能量含量。技术员可以参考此信息以确定动物应给营养素的需求量。

饲料在能量含量方面差异很大，碳水化合物每克含 4.1 千卡热量，蛋白质每克含 5.6 千卡热量，脂肪每克含 9.4 千卡热量。

第二节　饲 料 评 价

为确保实验动物营养达标，需要对饲料的具体成分进行分析和检测。组分分析是饲料分析的主要技术，它是由一系列的分析测试组成，对饲料样品中蛋白质、脂肪、粗纤维、可溶性碳水化合物、水分和无机盐等养分含量进行测定。

一、营养需要

配合饲料：根据饲养动物的营养需要，将多种饲料原料按饲料配方经工业化生产的均匀混合物。通常有以下三类配合饲料：

1. 生长、繁殖饲料　适用于生长、妊娠和哺乳期动物的饲料。

2. 维持饲料　适用于生长、繁殖阶段以外或成年动物的饲料。

3. 特殊饲料　适用于研究需要的特殊饲料，如高脂饲料、高脂高糖饲料。

二、饲料的选择

（一）营养平衡

商品化的饲料包含维持某种动物生长的全部营养需要。动物应该能够摄入机体所需的所有营养成分。

补充料的使用会增加实验动物机体能量摄入，但可能导致动物采食量少于日常摄入量。这些补充品所含营养不完全，所以它们的使用可能干扰机体的日常营养平衡。作为给药的一种手段，一种奖励行为，也是减轻动物倦怠感的一种措施，临时饲喂有时是必不可少的。在这些情况下，应保持饲喂较少量的补充料，或根据动物所需总体营养需求量来衡量。有些动物在特定时期，例如机体快速生长期、怀孕或者哺乳期等，需要特殊的营养补给。年老的实验动物也可能需要补充料。

（二）饲料性状

按饲料加工的物理性状进行分类。

1. 粉料　这种形式的饲料成粉状。粉料通常用于禽类，但同样适用于有些实验动物比如啮齿类动物。粉料粉尘含量很高，可能引起某些动物呼吸系统的疾病。

2. 颗粒饲料　这种形式的饲料被塑形成许多不同的形状和大小。脂肪含量高的饲料通常并不做成颗粒状，因为这种料不容易成形。颗粒饲料一般用于兔子、豚鼠、啮齿目动物和家禽、家畜。

3. 膨化饲料　这种饲料是在高温高压强迫湿粉通过模孔而形成，减少饲料的细菌污染。这种饲料对非人灵长类、猫和狗的适口性好，其他动物不宜使用。

4. 半湿饲料　常见于商业性的宠物饲料，半湿饲料通常用于狗和猫。这种饲料能量很高，通常不适用于笼养动物。

5. 罐装饲料　通常用于狗和猫，这些动物通常表现出对这种饲料的偏好。但罐装饲料价格相对昂贵，且开启后不易保存。由于这种饲料具有较好的适口性，通常可以用来诱食生病的动物，也可将药物与罐内饲料搅拌进行饲喂给药。

6. 粗饲料或者干草　这种饲料常用于草食动物，如兔子、豚鼠等。应将未发霉、少粉尘的高质量干草饲喂于动物。即使是高质量的干草，一旦发生微生物污染，将影响动物的健康。

（三）商品化饲料

1. 标准饲料　符合实验动物配合饲料通用质量标准 GB 14924. 1-2001，但饲料配方形式多样，每种配方对蛋白质、纤维、脂肪及其他营养成分的需求均有明确数据说明。饲料配方的选择应依据不同品系和品种动物或处于特定时期，比如怀孕、哺乳或者研究阶段的营养需求而定。饲料成分在饲料包装袋标签上标明。

2. 合格饲料　这种饲料和其他饲料相似，但生产商对其营养成分进行分析认证并检测其杀虫剂或者重金属（铅或汞等）含量。

3. 高压或辐射饲料　这种饲料用于屏障设施的动物或者无特殊病原菌动物，通常是无菌的。这种饲料通常被高压蒸汽灭菌，部分营养成分遭到破坏，须补充添加剂以保证饲料的营养充足均衡。饲料也可通过放射性核素辐照来灭菌。

4. 纯营养饲料　这些饲料由单纯的营养成分比如淀粉、葡萄糖、蔗糖和酪蛋白等组成的。纯营养饲料常用于营养或其他方面的研究。这些研究要求精确掌握饲料中每一种成分。

第三节　饲养管理要求

实验动物技术人员须熟知饲喂过程中应控制的一些重要因素。

一、饮　水

所有营养物质中最重要的是水，对动物来说任何时候都需保证有干净、新鲜的饮水。饮水头位置摆放不当或水龙头开关堵塞都会影响动物的饮水。通常，观察敏锐的技术员可以很快意识到这些问题，在动物出现严重状况前及时制止不良情况的发生。此外，水中其他物质（药物、受试物、维生素等）的添加可能因添加物的味道而导致动物的饮水量减少。

二、饲料容器

许多送料器依照特定类型的饲料而设计，而饲料的选择建立在动物的品种和饮食类型基础上。在选择饲料时，应选择易清洁且无污染的饲料。例如送料器可能因底部饲料粉末堵塞而导致动物采食困难。善于观察的动物技术员监管动物的进食状态并且能够意识到可能发生的异常情况。

三、饲料更换

动物对饲料更换极为敏感，饲料突然更换可能会导致拒食或腹泻，但很多情况下技术员需更换饲料，为减轻动物应激反应，饲料的更换应该在一定时间（几天内）内完成。第1天可在旧饲料中添加少量新饲料饲喂，随后逐渐增加新饲料的比例。

四、饲养观察

（一）营养需求

营养需求是动物生长和繁殖的重要因素。处于生长期和怀孕期动物的营养需饲喂补充饲料，有时需补充高蛋白和高能量饲料满足生长和哺乳的需要。幼龄啮齿类动物在出生10~14天后开始采食，狗和猫出生3~4周后才开始采食固体食物。因此，雌性动物在哺乳期内应提供补充饲料。

（二）饮食情况

技术人员须熟知动物采食或饮水减少的一般表现。例如动物在水缺乏的最初24小时内会异常活跃和抑郁，皮毛蓬松且暗淡无光。脱水的动物，对干燥的食物摄取量、粪便排出量急剧减少，还可导致某些疾病的并发症，脱水或许是供水系统问题所致。

动物采食减少会导致体重减轻，表现为身体虚弱且骨架凸显异常。动物采食的减少可能是由于实验操作程序不当，也可能是影响动物食欲或干扰食物消化吸收的某种疾病所致。在群养动物中，处于统治地位的动物可能阻止下属的动物摄食。善于观察的技术人员应及时找出问题，观察实验动物的采食情况是实验动物饲养管理工作任务之一。

第四节　饲料储藏和饲料库的管理

合理的饲料管理是设施运行的重要方面。饲料管理不仅对动物的健康和营养至关重要，而且还直接影响设施运行的经济状况。

一、饲料储存

在饲料储存上，应将饲料存放在动物房外面的一个固定的专用储存间，保持储存间凉爽、干燥、通风良好并且避免被阳光直射。饲料应放置于离开地面的台子或者架子上，架子与墙应间隔2米左右便于清扫和空气的流通。如果是木制的平台或者架子，饲料袋应封闭以便于清扫。饲料袋开封后须置于带有密封盖内衬塑料袋包装的容器中，容器应保持干净，向容器添加别的饲料时，容器的内衬应该换掉。要有有效的防鸟、防鼠及防虫措施。

二、饲料保质期

饲料生产厂商应该在饲料包装的标签上标明饲料生产日期。大部分饲料都标有保质期，表明饲料的营养价值开始降低的时间。例如纯饲料或者是含有维生素C的饲料保质期较短，一般为3个月或者更短，其他商品化干饲料通常保质期为6个月。在储存条件欠佳条件（如高热或高湿）下储存饲料会显著缩短饲料的预期保质期，而未开启的罐装饲料能够保存2年或者更长时间。

实验动物技术人员接收饲料时，应立即检查饲料的生产日期，以便有足够的时间在保质期内将饲料用完。多数动物设施里的做法是在饲料袋上标注截止使用日期，以避免饲料过期。陈料应在新料之前使用。如果饲料是存放于容器中而不是生产厂家提供的包装内，容器上也应该标注保质期。

三、饲料接收

饲料接收时应检查饲料外包装是否干净、干燥、无污染及有无破损。出现上述任何问题之一的饲料一律拒收，因为这些饲料有可能已受污染。富含药物或者任何化学物质的特殊饲料应单独存放于隔离间或远离常规的饲料的储藏间，严禁与可能导致垫料和饲料污染的洗涤剂及化学物质同库存放。

第三篇
繁殖与管理

本篇主要讲述研究中常见的实验动物如何进行繁育、护理和管理，以及和繁殖有关的基本概念。

第七章 遗传与繁殖

遗传学是论述与遗传相关的生命科学。通过遗传学可了解为什么后代和双亲相似或者区别于双亲。这些相似和不同归因于遗传，或者说这些特征是由双亲获得的，其他的则是由外部的环境因素或者是突变引起的（在遗传上发生的永久性变化）。实验动物的成功繁育既依赖于遗传学基础知识，也依赖于适合特定研究需要的繁育系统的选择。

第一节 基因和染色体

在遗传学领域早期的一个重要发现是生物的有机体性状或者生理特征可以从一代传递到下一代（从双亲到子孙）是以基因为遗传单位的。因此，性状是遗传而来的特征，如皮毛、眼睛颜色、脚趾数量等。

一、基因与染色体

基因位于染色体上，由脱氧核糖核苷酸（DNA）组成。在动物细胞的细胞核中存在成对的染色体结构。不同物种染色体的数量不同，同一个物种的染色体数量相同。在卵子或精子里面的染色体是不成对的，它们包括单一的、非配对的染色体。当一个精子和一个卵子结合，即受精之后，单一配子形成合子或者叫做受精卵，从不配对单亲遗传来的染色体构成成对染色体。以这样的方式，每个亲代的一半基因传递给了下一代。

基因表达是从父母双亲获得的配对的基因之间相互作用的结果。在每一个染色体中的基因要么是显性表达，或者隐性表达。这就意味着如果一个动物接收到来自双亲一方的棕色皮毛隐性基因和来自双亲另一方的黑色皮毛显性基因，那么这个动物将会表达它的黑色显性基因而具有黑色皮毛。

二、基因表达与突变

基因在从双亲向子代的传递过程中偶尔会发生突变。这种变异可能是自发的，也可能是由化学或者物理因素导致的。变异可能是有害变异也可能是有利变异。实验动物技术人员的职责之一就是观察并发现异常动物。这些异常动物可能具备突变基因，可作为潜在的动物模型，有助于科研人员了解某种特殊疾病或者生物学现象。

第二节 繁 殖

有性生殖过程的第一步是雄性动物睾丸精子和雌性动物卵巢卵子的产生。精子和卵子结合成受精卵的位置和方式依据动物种类的不同而不同。大多数哺乳动物受精过程发生于雌性生殖道内，但在其他物种中，如两栖动物受精过程是在体外完成的。不同物种的受精卵发育位置也不同，大多数哺乳动物的合子在雌性子宫内定植并且生长，而鸟类或者爬行类，胚胎的发育通常发生在体外，但通常是在蛋壳里面发生的。

合子发育成胚胎的时间叫做妊娠期。不同物种妊娠期长短也不同。妊娠期对于实验动物种群维持是很重要的。我们把妊娠期自然结束称为出生或者分娩。

大多数雄性动物在达到性成熟后可以持续性产生精子，并且可以在任何时间发生交配授精。另一方面，雌性只有在特定时期才可以进行交配，这个特定的时期叫发情期。在发情期内，雌性的卵子经历了一系列变化并且为受精做好了准备。在发情期内的雌性动物是接受交配的。排卵是卵子从卵巢释放出来，通常发生在发情期前后。

一、发情周期

性周期是指雌性哺乳动物在从初情期到性功能衰退的生命阶段中，性行为以及生殖系统的结构和功能上的周期性变化。其生物学基础是机体内雌激素和孕激素水平的交替变化。除妊娠期外，性周期具有一定规律的时间间隔。

雌性动物阴道壁的细胞在性周期的不同阶段发生着不同的变化。在一些物种中，为了使交配发生在性周期的最佳时期，可以从雌性的生殖道收集有特征性的细胞样品进行形态学观察，进而确定性周期所处的阶段。在性周期中的排卵时期，动物性欲旺盛，集中表现发情的各种症状，因此性周期也称为发情周期或动情周期。灵长类实验动物在性周期中子宫内膜周期性脱落，子宫出血并从阴道排出，该现象即为月经。故灵长类实验动物的性周期也称为月经周期。

一次性周期的持续时间是两次相邻的发情或排卵之间的时间间隔，通常依赖于雌性动物的精神状态、性行为表现、卵巢内卵泡生长发育、排卵和黄体形成情况以及生殖道的生理变化等。通常将性周期划分为发情前期、发情期、发情后期和间情期，各期的主要变化和特征见下表 7-1。

表 7-1 性周期不同时期的主要组织变化

组　织	发情前期	发情期	发情后期	间情期
卵巢	卵泡生长发育	卵泡成熟排卵	黄体生成分泌	黄体萎缩

续　表

组　织	发情前期	发情期	发情后期	间情期
子宫内膜	增生	腺体分泌加强	腺体分泌减弱	向发情前期转化
阴道黏膜	上皮增厚	上皮细胞角化脱落	白细胞浸入	向发情前期转化

二、繁育计划

繁育计划的多样性决定后代与双亲之间的性状的相似性或相异性。计划的选择依赖于所用动物的适宜性和研究方案的需求。

（一）近交繁殖

近交系动物是经至少20代的全同胞兄妹或亲代与子代交配培育而成。啮齿目动物是近亲交配最频繁的实验动物。常用近交系小鼠有C57BL、DBA/2、C3H、BALB/c。

近交系动物繁育中遗传控制要点是保持基因的纯合性以及个体间的同基因性，高度近交是维持近交系的重要方法。近交即近亲交配，是指有血缘关系的两性个体（如同胞、亲子）交配产生后代的繁育方式，动物的近交程度常以近交系数（F）来表现。

近交系数是某一个体由于近交而造成的相同等位基因的比率，即纯合子的百分率，近交系的F≥98.6%。此外还用血缘系数（R）反映两个个体在遗传上的相似程度，近交系的R≥99.6%。对于已经育成的近交系，全同胞兄妹交配时每一代的近交系数上升19%，亲子交配时常染色体基因杂合率降低19%，性连锁基因纯合率增加29%，半同胞兄妹交配时每一代近交系数上升11%。

近交系动物与其他无亲缘关系或者不同品系的动物进行偶尔交配，会污染这个近交系并且破坏其用途，这就是逃逸的动物不应该被返回笼子的原因。

（二）远交繁殖

远交繁殖是经常被用在啮齿动物种群管理中一种繁育方案。实验动物中最常用的远交动物是封闭群。封闭群的种群维持要求是保持遗传多态性和基因异质性，为此须扩大从群体中的留种比例，防止在代次更替时基因丢失，封闭群从生产群体中选留种子动物，为避免近交导致的基因纯合，须根据封闭群的群体规模采用适当的交配计划避免近交的发生。封闭群的繁殖方法主要有最佳避免近交法、循环交配法、随选交配法。和近交系相反，封闭群每代的近交系数上升率应尽可能低。

远系交配是一个周密设计的育种计划，只有无亲缘关系同一物种的动物才可以交配。远系交配将导致动物群体中出现最大数量的遗传变异。这种交配方案往往可以得到比近交更有生命力的动物后代，同样也导致个体较大。一些典型的远交小鼠类品系有ICR、Swiss。

（三）其他繁育计划

其他动物的繁育计划，比如狗、猫和猪，通常表现出相似的个体特征，这些特征在子代中保留下来。当这些动物共享或拥有一些原始祖辈，比如曾祖父的特征，这个计划叫做品系繁育。

三、交配体系

在确定某一特定项目所需动物的遗传类型以后，就可以选择动物的交配体系。对于某些品系来说，交配体系不止 1 种。

（一）一雄一雌交配

在一雄一雌交配体系中，一个雌性和一个雄性在他们的繁育周期内彼此配对。这个体系使记录简单化，一旦配对确定以后，他们自己能够很好地维持啮齿目杂交群或者近交群的保持。沙鼠就是一雄一雌交配最成功的实验动物。

（二）一雄多雌交配

在一雄多雌交配系统里，一个雄性动物与两个或者多个雌性动物共同饲养，能较好地利用产后的发情，常有最大的繁殖率，这是实验动物生产最经济的方法。但是，在这种交配体系中，保持准确的记录非常困难，因为雌性动物经常共担护理责任。这就导致雌性动物与其对应子代的不确定性。当不需对生产子代的雌性动物确认时，这个系统可以被用来维持啮齿动物种群的繁殖。饲养动物笼舍必须足够的大，用来饲喂雌性动物及其幼仔直到离乳（与母亲分离开）。这个体系通常用于灵长类、鼠类、豚鼠等。

（三）分居饲养

雌性和雄性应当分开饲养，只有在交配时才放到一起。这个体系减少了所需繁育动物的数量并且可以保持准确的记录，然而劳力成本却很高。为避免雄性动物杀死幼体或者雌雄打斗时就可以选择这样的体系。仓鼠和兔子出于这种原因一贯的被分开饲养，仅在繁育时放在一起。

（四）其他繁育注意事项

应该考虑选择好的繁育品系。动物应该是健康，年轻、无攻击性。雌性应该具有良好的母性特征，如关心幼体、奶量充足等。须经常检查繁育动物的健康状况，一旦发现疾病症状需立即报告。新的育种品系应在仔细检查其健康状况后引入种群。

第八章　繁育动物的管理

性成熟是指动物发育到一定年龄，生殖器官发育完全，生殖功能发育较成熟，即雄性和雌性分别能产生具有受精能力的精子和卵子，基本具备了正常繁殖功能的状态，动物首次发情即标志着性成熟。体成熟是指动物机体各器官和功能均发育完善，达到完全成熟的状态。动物的性成熟多早于体成熟，但大多数实验动物只有达到体成熟后才能予以配种繁殖。由于机体储备不足、部分功能发育不全等原因，过早配种可使实验动物繁殖性能下降并引发多种后遗症，如胎仔或幼仔发育不良、成活率低、母体过度消耗、受孕率低等。常用实验动物中，仅兔可以在略早于体成熟的时候进行配种繁殖。

繁育计划、配对计划和记录系统一经确定，生产群就可以建立了。

第一节　护　　理

一、哺乳期动物的护理

当饲养管理人员频繁的打扰或者有异常环境变化时，一些动物，尤其处于初产护理期的雌性啮齿类动物和兔子，可能抛弃、咬死或者吃掉幼龄动物。对于这些动物而言，为避免生完幼仔后几天内伤害幼仔，延迟换窝和延迟采取其他不必要的急需的管理措施是明智的。总的原则是要细心照料新生动物。

二、离乳动物的饲养管理

在哺乳几周之后，母性动物准备给幼龄动物断奶。此时幼仔开始采食固体食物，并且分笼时间也到了。鼠类断奶的时间大概是 21 日龄左右。

饲养幼龄动物的笼舍应舒适、隐秘、宽敞，且便于日常观察。大多数啮齿类会用软的碎纸、木屑或者棉花来建巢。妊娠后期的兔子如需一个巢盒，会拉一些自己身体的毛来垫巢。

每天光照周期的长短对动物的生长繁育有很大的影响。每天 12~14 小时的光照对于啮齿目繁育群体来说是最好的，因为长时间的光照有助于稳定雌性的发情周期。

第二节 记 录

在动物繁育生产中，必须保持准确的记录。记录繁育群体的相关信息要点包括：

a. 品种、品系和动物的类型；

b. 双亲或者祖辈；

c. 动物的身份编号；

d. 性别；

e. 交配日期；

f. 生产日期和子代的数量；

g. 断奶日期和子代的数量；

h. 幼仔的性别；

i. 兽医信息。

第三节 动物的身份标识

为了使繁育系统高效运行，应仔细的关注每一个可以鉴别的动物。在繁育系统和研究项目中，识别动物个体有多种方法，恰当的身份标记对于遗传背景的确定和谱系的记录是非常重要的。在动物更换笼舍，幼仔与双亲分离，新动物放入设施或动物笼舍迁移时，技术人员要格外注意动物的编号。将动物放错笼舍且没有合适的动物身份标识对于研究项目来说是有害的。

一、笼具编号

在实验动物设施里面，笼具编号用来识别某一个动物或者动物群体。笼具编号通常包括动物历史及遗传背景的详细信息，可操作的实验类型和项目负责人联系信息等，这些信息为实验动物的健康护理或研究人员的反馈服务。

二、短期身份标识

许多临时性的标记系统被用于大多数实验动物短期身份标识，如在皮毛不同的部位进行修剪。一般可用无毒的防水染料或水彩笔在淡色的皮肤或者无毛处的尾巴区域进行标记，但是这些标记很快会褪色。其他短期的标记方法包括明显的天然标记，如个体特征、性别、毛质、长度和品种等。

三、项圈

项圈是常用于狗、猫和灵长类的一种鉴别装置。项圈应大小舒适，并且须定期检查，因为随着动物的生长，项圈可能变紧。另外，疏松的项圈可能妨碍动物日常活动。从商业性的供应商购买的狗或者猫必须有合格证和编号记录。

有标记的项圈使用方便，避免了在动物身体上做标志时的麻醉过程。对于其他类型的非持久性的身份识别，标签可能会由于笼子里的同伴撕咬而残缺不全或者丢失。

四、永久性的标识

鉴别啮齿目实验动物或者其他的物种有许多常用的持久性方法。下面描述的是几种传统的、效果好的方法。此外，电子系统的发展，可移植性的微芯片发射机应答器的使用，使携带有芯片的动物传输独特的电子身份信息。这种芯片一经植入皮下，一种特殊的记录设备会自动扫描动物来读取微芯片上的编号数码。

1. 耳朵打孔　即用打孔器在耳朵的不同部位打孔标记。孔数或编号可用来识别动物个体（图 8-1）。如果操作得当，耳朵上的标记很容易读取，并且不会对动物造成伤害。此项技术通常适用于猪或啮齿目动物；但仓鼠和豚鼠除外，因为这些动物在梳理或者打架的时候会经常破坏这些标志。耳孔一般会很快愈合，应经常定期检查标记以确保动物能够被准确辨认。同时，打孔工具在用于其他动物时应进行消毒。

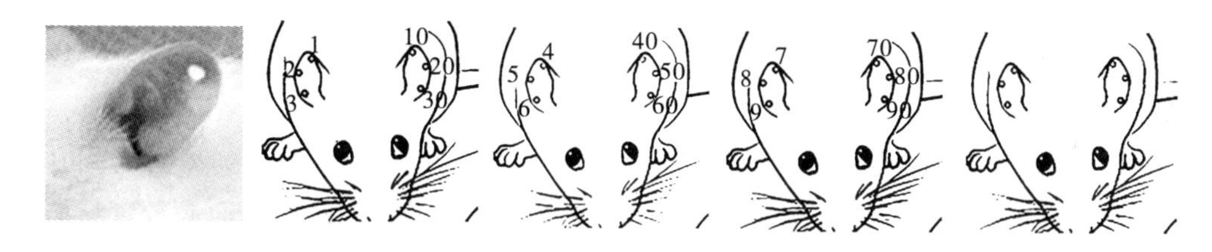

图 8-1　耳缘打孔法

2. 剪趾　除项目负责人向 IACUC 提供非常正当的理由要求通过剪趾的方法来识别动物外，不鼓励使用这种方法。剪趾是移除与已确定数字代码的某个脚趾的第 1 个骨头。由于啮齿目的脚趾很小，这项工作与耳朵打孔比起来更加费时，操作起来也更加困难。而且，该方法对动物来说是有伤害的，使用前肢也具有一定局限性，因为啮齿目是用它们的前爪获取食物的。在剪趾时应对动物进行麻醉。

3. 耳朵和翅膀标签　用特定的钳子将比较小的标有个体数码的金属片固定在靠近耳朵的基部或者鸟类的翅膀上，这种方法叫挂牌。如小鼠耳朵挂牌法（图 8-2）。这种方法操作便捷，动物的疼痛感小。这些标签通常应用于啮齿目、兔子、绵羊或者鸟类身上。与耳朵打孔相似，这种识别方法可能在梳理、打架甚至在感染此部位的过程中丢失。对于鸟类来说，腿上带编号的条带可以取代翅膀标签。

4. 纹身　有两种类型的纹身装置被普遍使用。一种是机械的，手动操作的工具。工具夹在耳朵上时，工具上刻着的数字或者字母的点状端点刺穿皮肤，墨水对皮肤组织进行染

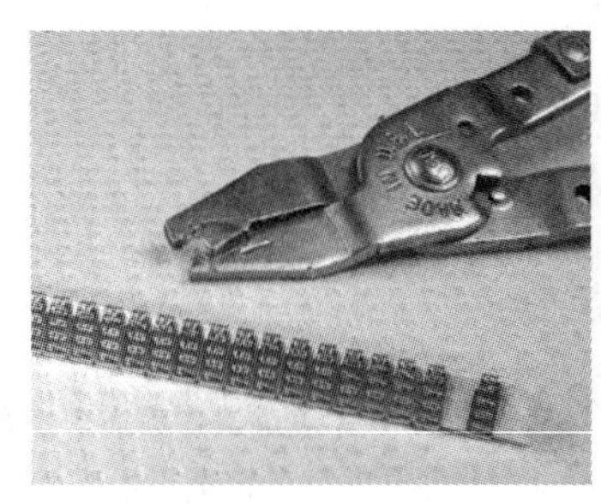
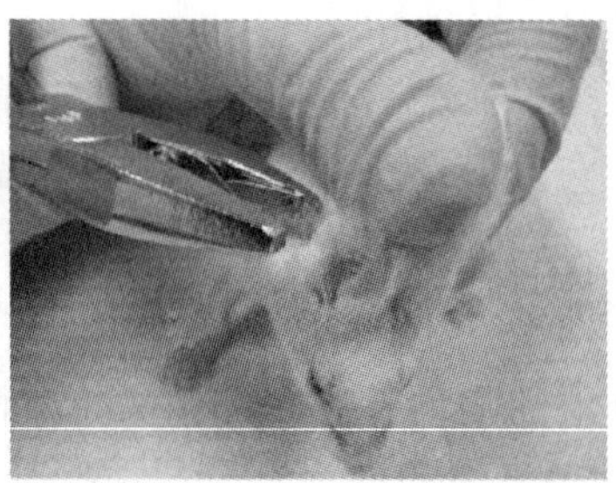
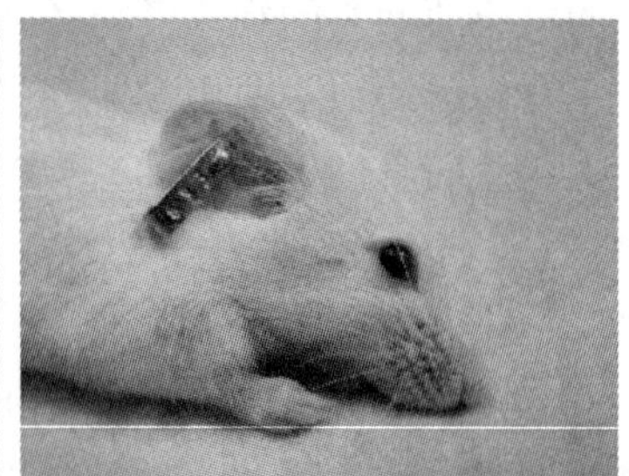

图 8-2　小鼠耳朵挂牌法

色；另外一种是笔状的电子工具，有往复式多点针，墨水进入皮肤时进行标记。这两种方法中，纹身墨水被推进皮肤时，可能会引起出血，可直接按压来阻止出血。如发生出血，必要时应用额外的墨水补充保证纹身清晰可见。同时，这些器械也应是清洁无污染以防疾病的传播。

耳朵纹身是鉴别兔子个体的一种有效方法。纹身的过程中，应避免对中耳动脉或耳缘静脉的损害。虽然纹身带来的疼痛很短暂，但有些机构仍然要求操作过程中应对动物进行麻醉。如果空间允许的话，纹身工具能够打印出所有数字和字母的组合。耳朵上纹身标记完之后，灌进墨水渗透皮肤留下永久性的标记。

相似的纹身技术同样适用于豚鼠、猫、狗和猴子或者有蹄类的动物（绵羊、山羊和牛）。纹身是常用于狗的一种持久性标记方法，可在狗的耳朵，皮肤的侧面或者口腔部位进行标记纹身。操作时，先进行麻醉，然后进行无菌操作，且纹身的部位毛需要剪短，肥皂水洗净皮肤并进行干燥。

对非人灵长类来说，最可靠的持久性标记的方法就是在胸部或者大腿内侧纹身。这种方法之所以被使用就是因为纹身数字可以很容易的读取并不需要保定动物。甚至单个饲养的动物应该被纹身，并且张贴其他相关信息的笼卡。

新生鼠类也可以在耳、尾、小腿或者脚趾皮下注射纹身墨水以便识别。通常一系列的点或者点状图形可以鉴别动物个体。

5. 微芯片植入法　微芯片植入法是在动物皮下埋入微芯片进行永久性标识的方法，一般将芯片注入皮下肩胛骨之间。每个微芯片有一个独一无二的编号，用扫描识别器即可识别。微芯片是携带包括来源、遗传、出生等信息的身份标签，当识别器扫描到植入在动物皮下的芯片标签时，它会显示在液晶显示屏上。但其成本较高还未普及。

第四篇
动物种类特异信息

本篇主要介绍常用的实验动物物种的信息，同时也对一些不太常用但有特定用途的动物进行简单的介绍。

第八章　常规实验动物的一般生物学特性

第一节　小　　鼠

小鼠（mouse，*mus musculus*），属于啮齿目，鼠科，小鼠属。小鼠源自野生小鼠。

一、生物学特性

1. 生理特性　小鼠性情温顺，容易捕捉、胆小怕惊，不主动咬人。小鼠嗅觉灵敏，能够利用气味探测和确定食物或其他物体，还能根据气味辨别同类，且能识别它们的年龄、等级、性别及家系，并以此气味标识划定其活动的区域范围。小鼠很少依赖视觉，但眼睛对动态物体敏感，善于发现周围物体，能看到紫外线。小鼠还能听到超声波，雄性小鼠通过超声波吸引雌性小鼠。

小鼠对外界环境反应敏感，适应能力差，不耐冷、热，对疾病抵抗力弱。当强光或噪声刺激时，可导致哺乳母鼠神经紊乱，发生食仔现象。温度过高或过低时生殖能力明显下降，严重时会导致死亡。小鼠高度群居，通过释放信息素传递信息。雄性优势明显，非同窝雄性小鼠间好斗，常被咬伤头、背、肩和尾部，甚至睾丸。喜欢黑暗，白化小鼠怕强光，光照强度应控制在25 Lux左右。昼伏夜动，其进食、交配、分娩多发生在夜间。活动高峰为傍晚后1~2小时与黎明前。小鼠往往通过倚靠坚固物体来获得安全感，并通过身体敏感的毛发感知周围物体及压力负荷。有做窝特性，所以饲育时须提供遮掩物和做窝材料。

小鼠淋巴系统特别发达，外界刺激可使淋巴系统增生，因此易患淋巴系统疾病。小鼠无扁桃体，胸腺在性成熟时最大，骨髓为红髓，终身造血。对多种毒素和病原体易感，百万分之一的破伤风毒素能使小鼠致死。对致癌物敏感，自发性肿瘤多。

2. 行为习性　小鼠自然姿势为四脚着地、眼睛和耳朵警觉。睡觉时，小鼠的头部会蜷缩在身体下方。如果群居饲养，小鼠会一个挨着一个睡觉或一个在其他动物上方取暖。小鼠是夜行动物（大多数活动时间在晚上），当夜晚来临时，它们才开始大量的饮食和其他活动。小鼠代谢率高，比较活跃、胆小易惊、喜欢群居。小鼠喜欢不断梳理皮毛以帮助它们的皮毛光滑、有光泽。如果动物不再梳理毛发、皮毛不光泽、活动力降低，弓起背部，这种现象通常是疾病或应激的表现。有时，小鼠喜欢互相梳理毛发，尤其是雌鼠和它的幼仔之间。

群居优势在雄性中很明显，在群体中处于优势的小鼠有时会咬处于劣势小鼠的毛皮，并咀嚼，这种行为叫“理发行为”，通常不会伤害其他小鼠。然而在某些情况下，同笼饲养的处于劣势地位小鼠，其身上的毛发会被完全咬掉。这种动物行为应与因疾病和寄生虫性所致的掉毛相区别。

雌性小鼠通常不会打斗。然而，同笼饲养的雄性经常打斗，有些品系的打斗现象较常见。具有攻击性的小鼠应该单独饲养，因为它们会使同笼中的其他小鼠受到严重伤害。断奶的幼鼠从出生就在一起饲养将帮助幼鼠成年后减少打斗现象。

3. 品种品系　小鼠品系名称可以用各种字母和数字加以区分。应用最普遍的近交品系包括：BALB/c（白色皮毛和粉色眼睛），C3H（黑棕色，接近毛发尖端发黄），C57BL/6（黑色），DBA［棕色，最古老的近交系（1909）］。

两种品系的近交系杂交可以繁殖出一种混合基因型品系，叫杂交群。杂交群主要通过字母和数字来显示，例如 C57BL/6 和 C3H 小鼠交配的后代叫 B6C3F1。F1 代指 2 个近交系之间交配所繁殖的子一代动物。F2 指的是交配后的第二代动物。

除了应用近交系外，各种远交系也被应用于实验研究，包括 KM、ICR 和 NIH。

随着科学技术的发展，一种动物的 DNA 可以转移到其他动物的受精卵中，培育出新的不同物种动物，产生的子代动物叫转基因动物。这些动物用于研究各种基因的相互作用。另外一种技术涉及去除动物的一个基因，这种动物称为基因敲除动物，用于研究疾病与基因缺陷相互关系。镰刀贫血病和胞囊性纤维症是两种人类疾病，已经证实其是由于特异的某种基因缺陷引起。纠正这些基因的缺陷，可用动物模型进行研究。对这些疾病的模型进行研究可以找到阻止或治愈这类疾病的方法。

小鼠中发现一种因基因自然缺失导致无毛，这种动物叫裸小鼠，此种动物除了无毛外，还存在免疫系统缺陷。裸小鼠和 SCID、Rag 等其他基因缺陷小鼠是研究免疫缺陷疾病和癌症最好的模型。

4. 生理数据

体温：35.8～37.4℃。

心率：328～780 次/分。人工计数很难测得小鼠过快的呼吸频率和心率，但是可以用电子记录仪器测量。

呼吸频率：90～220 次/分。

体重：成年鼠 25～40g；新生鼠约 1.0g。

饮水量：4～7ml/d，或者每日 1.5ml/10g 体重。

摄食量：3～6g/d，或者每日 1.5g/10g 体重。

排泄物：结实、米粒大小、黑棕色。食物和水的摄入影响排泄物量。异常的排泄物柔软、无色。

尿液：小鼠的尿液含有刺激性异味、黄色。鼠尿量小，频率高。

寿命：1~3 年。

二、用途

很久以前白化小鼠就作为观赏动物被驯养，17 世纪起小鼠被用于动物实验，主要用于解剖学实验、发育学实验、肿瘤移植实验及遗传实验等。到 20 世纪，小鼠已被广泛应用于生命科学各个研究领域。与任何其他物种实验动物相比，实验小鼠是每年应用于实验研究中最多的动物。应用实验小鼠主要因为其费用低和好饲养。最重要的是，其可在短时间大量繁殖，可以被应用于各种研究领域，包括基因组学、癌症和感染性疾病研究。

三、饲养繁殖

1. 抓取和保定　抓取小鼠最常用的方法有两种，一种为用拇指和示指或用镊子抓住尾巴基部，另外一种是抓住小鼠背部的皮肤。这两种抓取方法适用于简单检查实验动物或给实验动物更换鼠笼。对于小于 10 天的幼鼠需用手将动物整个身体托起，或用镊子夹住幼鼠背部皮肤，或者可以采取用网状物将一组幼鼠一起抓取。

对小鼠进行操作时，保定是很重要的。右手抓住小鼠尾部后用左拇指和示指捏住小鼠颈部两耳间的皮肤，接下来将鼠尾放于同一侧手的第 4、5 指之间。捏住的皮肤要适量，太多太紧小鼠会窒息，太少太松小鼠可能咬伤实验者。也可以采用塑料固定器来抓取和固定其他啮齿类动物（图 9-1）。

图 9-1　小鼠的抓取与保定

2. 饲养管理　小鼠应该饲养于悬挂的实底鞋盒样的笼中，依据笼子的空间大小和小鼠体重大小，通常每笼放 3~5 只动物。带垫料的鞋盒式饲养笼可以为小鼠提供很好的保暖、安全和筑窝材料，该笼子的盖子不需要特殊的锁或夹子。带有微滤过网的鼠笼，其滤网通常位于笼子顶部，用于饲养特殊需要的小鼠（无外源污染物、SPF、裸鼠等）。

笼子和环境卫生对于饲养小鼠来说很重要，每周需要换笼窝 1~2 次，笼架每月清洗至少一次。繁育期的小鼠所用的笼子需经常更换。饲养动物用的笼子需要用合适的清洗剂清洗，并常进行消毒以避免异味、污染等。

小鼠的前门齿处于不断的生长中。然而，偶尔由于饮食、遗传、解剖等原因，这些牙齿有时会因过度生长而影响动物摄食。对此，可以暂时用剪刀减去多余的牙齿，但有时并一定能奏效。

3. 饲料和水　实验动物饲料生产商生产出各种营养丰富的饲料饲喂于啮齿类动物。额外饮食通常是不必要的。通常小鼠采食量一般为 4~5g/d 颗粒饲料，可供动物咀嚼，有利于磨损门齿。颗粒饲料可以放到饲养笼顶部，可以使动物食用几天。啮齿类动物通常采取随意进食和饮水方式进行饲养。饮水可以用饮水瓶提供或采用自动饮水阀。

市场上也可买到非颗粒饲料。当需要测量动物摄食量或因为某种实验目的需要添加额外饮食时，采用此种食物喂养动物。

4. 性别鉴定　在大多数啮齿类动物中，雄鼠的肛门与生殖器距离（肛门和生殖器之间的距离）比雌鼠要大。对新生鼠进行性别鉴定时，最好是一次将许多动物同时作比较，方便对性别有深刻的认识和理解。大多数成熟雄鼠的睾丸在尾根与阴茎之间（图 9-2）。

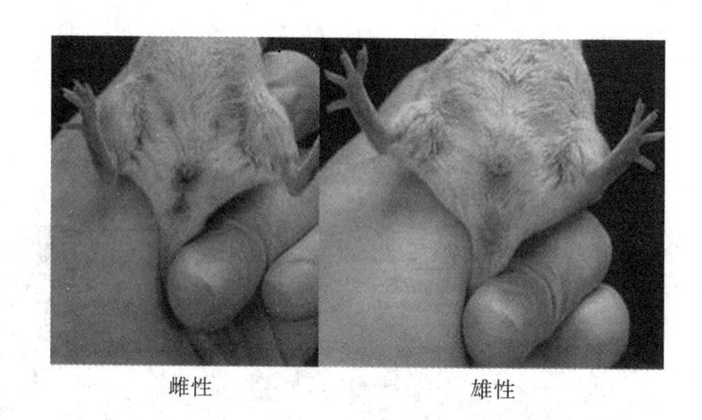

图 9-2　小鼠的性别鉴定

5. 繁殖　一般采用两种交配方案繁育小鼠，即一雌一雄和一雌多雄。雄鼠可以一直和雌鼠饲养在一起或将雄鼠在雌鼠分娩之前移出。

雄鼠精囊腺、凝固腺、前列腺、尿道球腺的分泌物具有营养、保护精子的作用，并在阴道和子宫颈处遇到空气而凝固，形成阴道栓，阻塞精液倒流外泄，提高受孕能力。一般雌鼠交配后 10~12 小时，在阴道口可见 1 个白色的、米粒大小的阴道栓，防止精子倒流，以提高受孕率，可作为交配成功的标志。

雌鼠全年多发情。雌鼠每 4~5 天进入一次发情期，在分娩 24 小时后即可进入发情期。这种产后发情的雌鼠很容易与现有的雄鼠交配成功。近交系动物与封闭群差别很小。繁育期小鼠和其他啮齿类动物一样，通常喜欢在垫料料充足的条件下造窝。新生仔鼠皮肤肉红、赤裸无毛、两眼不睁，外耳尚未发育完全，自己不能寻觅食物。出生后不久，新生健康小鼠腹部左侧透明皮肤下会出现白点，这种“奶点”是因为小鼠胃部充满乳汁所致，“奶点”的出现意味着新生小鼠身体健康，得到正常护理哺育。幼鼠在出生 10 天后长全毛发，睁开眼睛。由于小鼠产后发情的原因，雌性小鼠经常在幼鼠断奶时开始叼幼仔，所以一定要将可以断奶的小鼠尽量分开，以免造成小鼠过度拥挤。

6. 繁殖性能指标

性成熟时间：40~60 天。

性周期：4~5 天；产后发情期。

妊娠时间：19~21 天。

窝产仔数：6~12 只。

食仔性：如可以的话，新生同窝幼仔不要分开超过几天，以避免食幼仔的现象发生。

离乳时间：21 天，但有些品系或幼仔断奶时间会更长，例如，转基因小鼠。

第二节　大　　鼠

大鼠（rat，*rattus norvegicus*），属于啮齿目，鼠科，大鼠属。常见的实验室用大鼠是从野生棕色挪威鼠发展而来的。

一、生物学特性

1. 生理特性　大鼠性情较温顺，行动迟缓，环境适应性和抗病力强，易于调教和捉取。但若捕捉方法粗暴致其紧张不安，则难于捕捉甚至攻击人。大鼠门齿较长，被激怒时易咬手。孕鼠和哺乳母鼠较易攻击人。大鼠嗅觉和味觉较灵敏，做条件反射等实验反应良好。对噪声敏感，强噪声能使其内分泌系统紊乱，性功能减退，出现食仔现象。故饲育环境必须安静。能听到超声波，相互间通过超声波频率的叫声进行联系。能看到紫外线。利用嗅觉来识别同类，确定其年龄、等级、性别、家系，甚至饮食癖好。

大鼠对湿度极为敏感，当相对湿度低于 40%时，易患坏尾（ringtail）病，因尾根部血管环状收缩导致尾巴缺血性坏死而脱落，最终引起死亡。湿度过低还会发生哺乳母鼠食仔现象，一般饲养室湿度应保持在 50%~65%之间。大鼠对空气中的粉尘、氨气和硫化氢等极为敏感。如果饲养室内空气卫生条件较差，在长期的慢性刺激下，可引起肺部炎症或进行性组织坏死。

大鼠为昼伏夜动性动物。白天喜欢扎堆休息，常夜间活动，傍晚、午夜、凌晨为活动高峰期，采食、交配多在此期间发生。不适光照对其繁殖影响很大。对新环境适应性强。喜群居，较少斗殴，亦耐受单笼饲养。通常情况下，一只占统治地位的雄鼠会与多只雌鼠及从属的其他雄鼠居于一处。喜欢使用不透明的坚固遮掩物做窝，以获取安全感。喜运动，后足站立是大鼠重要的探究玩耍行为。

大鼠无扁桃体。具有完整的胎盘屏障，可以防止疾病传播给子代，病毒不能嵌合到其体细胞的基因组合中，细菌和寄生虫也不能通过胎盘屏障而垂直传播，因此可通过无菌剖宫产建立悉生动物群。大鼠踝关节和呼吸系统对致炎因子反应敏感，群体中的支原体感染率很高。

大鼠颈区肩胛部沉积的脂肪组织呈腺体状，称为冬眠腺，在产热中起着重要作用。汗腺极不发达，仅在爪垫上有汗腺，尾巴是散热器官，当周围环境温度过高时，靠流出大量唾液调节体温。但当唾液腺功能失调时，易中暑引起死亡。

2. 行为习性　大鼠通常四肢放松的待在笼子里。健康状况不佳大鼠的早期迹象是弯屈的蹲坐着，健康的大鼠会保持自己的整洁和干净。像大多数其他实验用鼠，大鼠是夜间活动的动物。不同于雄性小鼠，群居雄性大鼠很少会进行打斗，雌性大鼠通常也会很温顺地生活在一起。

大鼠的眼泪和唾液中含有一种称为卟啉的物质，这种物质呈现红色或红棕色，有时可以在大鼠的眼睛和鼻子区域看到，卟啉在白色皮毛的动物中尤其明显。在较老的大鼠中，皮毛颜色偏红可能是由于动物梳理皮毛时舔舐引起的。在眼睛、鼻子或前肢的周围卟啉过度积累可能是疾病的征兆，应报告给实验管理人员。

3. 品种品系　我国在研究中最常用的远交群实验大鼠有以下三种。

（1）Wistar 大鼠：白色，头部较宽，耳朵较长，尾巴短于身长。该种群产仔数多，繁殖力强，生长发育快，性情温顺，抗病力强。由 1907 年美国费城的 Wistar 研究所育成，是最常用的大鼠品种。

（2）Sprague-dawley（SD）大鼠：白色，头部狭长，尾长接近身长，生长发育较 Wistar 快，抗病能力强。最初是 1925 年美国威斯康星州麦迪逊市 Sprague dawley 农场用 Wistar 培育而成。

（3）Long-Evans（LE）大鼠：1915 年 Long 和 Evans 用野生褐家鼠与白化大鼠进行交配育成。基因为 hh 时，头部毛斑如包头巾；基因为 hhaa 时，头、颈子、尾基部呈黑色。

常见的近交系大鼠有 Fisher 344（F344）和 Lewis（LEW）等品系。

4. 生理数据

体温：35.9~37.5℃。

心率：250~600 次/分。大鼠的呼吸和心率与大鼠的种类以及周围环境有关。同大多数动物一样，大鼠兴奋后，呼吸和心率都会增加。

呼吸速率：66~144 次/分。

体重：成年雄鼠，300~500g，成年雌鼠，200~400g；新生鼠约 5g。

需水量：24~60ml/d，或每日 10~12ml/100g 体重。

食量：15~30g/d，或每日 5~6g/100g 体重。

粪便：粪便应该是硬的，深褐色，长圆形且末端圆滑。

尿液：大鼠的尿液应当清澈且黄色。

寿命：2.5~3.5 年。

二、用途

大鼠有许多近交系和远交群品种，远交系大鼠常用于实验研究。因为大鼠繁殖力强，易饲养；体型大小合适，遗传特性均衡稳定；对实验处理反应一致，给药容易、采样方便；畸胎发生率低，行为表现多样，情绪反应敏感；故被广泛应用于生物医学研究中的各个领域，如：营养与行为研究经常使用大鼠作为其实验动物的模型。大鼠在自然情况下也可发生如糖尿病和高血压这样的疾病，这就使得它们成为研究人类疾病宝贵的自然资源。

三、饲养繁殖

1. 抓取和保定　大鼠和小鼠一样，可以通过鼠尾抓起来。但是，提尾巴的时候必须小心抓其尾巴的基部（即接近大鼠的身体），如果抓的是尾巴末端，尾部皮肤可能被拉断，会造成严重的伤害。这种抓大鼠的方法是用于暂时抓大鼠，例如给大鼠换笼子的时候。对大鼠和实验人员都安全的方法是抓住大鼠的整个身体，先抓住大鼠的尾巴基部，然后，一只手按在动物的背上，轻轻地用拇指和示指朝着它头的方向按压它的前肢（图 9-3）。我们不能把大鼠抓得太紧以致使喉部的呼吸受限，可以用毛巾包裹着大鼠，也可用塑料束缚袋将其固定。大鼠比较顺从于温和抓取；抓取的时候越温和，大鼠就越放松。

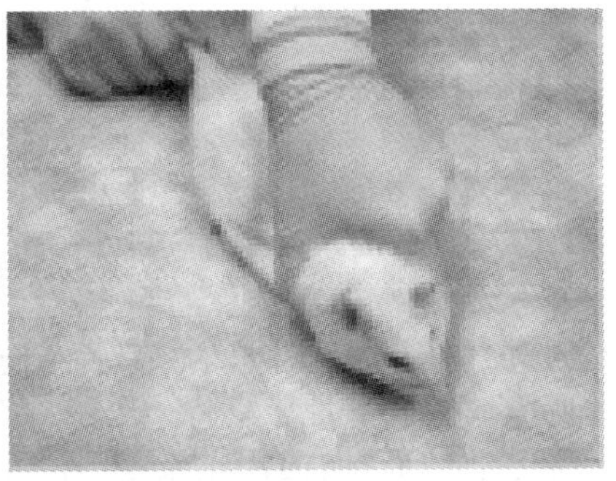

图 9-3　大鼠的抓取与保定

2. 饲养管理　大鼠可饲养在实底装铺垫物的鞋式笼具里，单独或群体的饲养都可以使用此类笼子；也可以同多数其他啮齿类动物一样，被饲养于金属丝底带接粪盘的笼子里。大鼠比小鼠更加强壮，它们能够打开没有锁好的笼盖，甚至逃走。为了防止这种情况发生，所有大鼠笼盖的顶部必须锁好。大鼠笼子应根据笼内动物的数量每周换 1 次或两次，搁架和笼架应至少每两周进行 1 次消毒，水瓶必须每周至少清理两次。

与所有的啮齿类动物一样，大鼠门齿处于持续的生长过程中。大鼠进食时不断啃咬一些坚硬颗粒，可以使大鼠的牙齿保持在正常大小。这是在啮齿类动物和兔类中的一个普遍现象，当它们的牙齿生长过快时，技术人员必须学会识别此类现象。有时我们可以看到它们的牙齿从嘴突出来，有时候只是从大鼠的食物摄入量减少以及体重减轻的迹象来判断是否牙齿生长过长了。适时的用剪刀去除过长的牙齿，或者用细丝除去多余的牙齿可以暂时性解决这个问题。

3. 饲料和水　和小鼠一样，通常可以采用自由采食以及饮水。在大多数饲喂设施中，同样大小颗粒的啮齿类动物饲料可以用来喂养小鼠、大鼠和仓鼠。自动饮水装置可用于大鼠，但饮水瓶同样也可以为它们提供饮用水。

4. 性别鉴定　如同大多数啮齿类动物一样，雄性大鼠的肛门生殖器间距离大约是雌性的两倍。成年雄性大鼠的睾丸明显地在尾巴根部突出（图 9-4）。

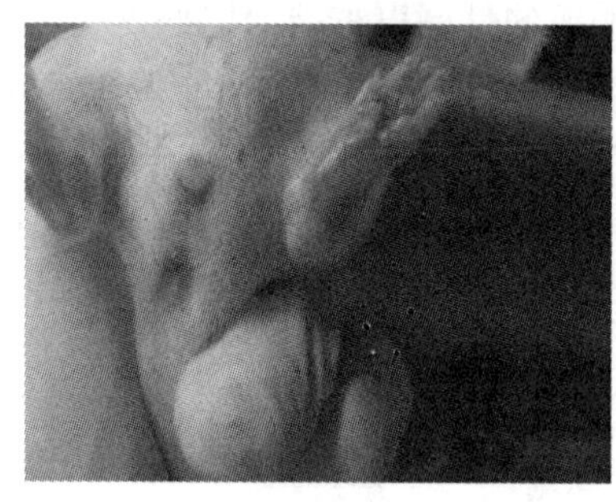

雌性

雄性

图 9-4　大鼠的性别鉴定

5. 繁殖　大鼠在一雌一雄或一雌多雄交配系统中繁殖。雌性大鼠全年多发情，并有产后发情期。它们进入发情期后，会在分娩后 24 小时内与雄性大鼠交配。和小鼠一样，新生大鼠皮肤肉红，赤裸无毛，非常虚弱。

缺乏维生素 E 时，大鼠即丧失生殖能力，特别是雄鼠可终身丧失，雌鼠在补喂维生素 E 后可以恢复其生殖能力。大鼠交配后，雄性大鼠副性腺分泌物留在雌性大鼠阴道口，在遇空气后凝固而形成阴道栓，具有阻塞作用，防止精子倒流外泄。

6. 繁殖性能指标

性成熟期：65~110 天。

性周期：4~5 天。

妊娠时间：20~22 天。

窝产仔数：7~11 个。

食仔性：通常雌性大鼠不食仔，除非它们身体处于不健康状态。

离乳时间：21 天。

第三节　豚　　鼠

豚鼠（guinea pig，*cavia porcellus*），属啮齿目，豪猪形亚目，豚鼠科，豚鼠属。它们是非常温顺的动物，极少会咬伤饲养者或者笼中的其他豚鼠。它们起源于南美的安第斯山脉，与栗鼠和豪猪有亲缘关系。

一、生物学特性

1. 生理特性　豚鼠胆小、温顺、易惊，较少斗殴，但有多个陌生的雄性成年种鼠在一起时较易争斗，极少咬人。豚鼠对外界刺激极为敏感。喜欢安静、干燥、清洁的环境。突然的声响、震动可引起四散奔逃或呆滞不动，甚至会引起孕鼠流产。嗅觉和听觉发达，能识别多种不同的声音。当有尖锐的声音刺激时，常表现耳郭竖起应答，并发出吱吱的尖叫声，称为普莱厄反射或听觉耳动反射，该反射可作为判断其听觉功能正常与否的依据。耳壳大，耳道宽，耳蜗网发达，耳蜗管对声波敏感，听觉敏锐。听神经对声波特别是 700～2000Hz 的纯音最敏感。相互间通过身体接触或频繁叫声进行联系。通过尿液及皮脂腺分泌物的气味区分彼此，划分领地。

豚鼠对组胺敏感，能引起支气管痉挛性哮喘。对麻醉药物敏感，麻醉死亡率较高。抗缺氧能力强，比小鼠强 4 倍，比大鼠强 2 倍。对结核杆菌高度敏感。皮肤对毒物刺激反应灵敏。对抗生素类的药物反应大，较大剂量用药后 48 小时常可引起急性肠炎，甚至致死，这是由于肠道正常菌丛在抗生素作用下产生内毒素所致。

豚鼠血清中补体活性高，含量丰富，免疫学实验制备补体最宜用雌性成年豚鼠。出生后就有免疫能力，极少见自发性肿瘤。易致敏，当两次注射抗原后，可有规律地发展成急性典型休克，支气管平滑肌收缩、发绀、虚脱、呼吸困难而死亡，是速发型过敏性呼吸道疾病研究的首选动物模型。迟发型超敏反应与人相似。2～3 月龄、350～400g 的豚鼠最适宜做过敏反应研究。豚鼠淋巴系统较为发达，肺部淋巴结具有高度的反应性。

豚鼠喜活动，白天活动栖息范围广，需较大活动场地，单笼饲养时易发生足底溃疡。高度群居，活动、休息、采食多呈集体行为，休息时紧挨躺卧。群体中有专制型社会行为，1～2 个雄鼠处于统治地位，一雄多雌的群体构成明显的群居稳定性，较少发生攻击性行为，但在发情期雄鼠为争偶或有争斗。在拥挤或应激状态下，会发生拔毛现象，导致脱毛、皮肤创伤和皮炎。日夜采食，随吃随排泄，在两餐之间有较长的休息期。一般拒食苦、咸和过甜饲料，易弄脏饮水和饲料。喜利用遮蔽物获得安全感。

体型紧凑利于保温，但不利于散热，故耐冷不耐热，自动调节体温的能力较差。当环境温度反复变化且幅度较大时，易造成自身疾病流行。尤其当室温升至 35～36℃时，易引发豚鼠急性肠炎，抗病力较差。

2. 行为习性　豚鼠身形短粗，头圆、大，眼睛明亮，尾巴只有残迹，耳朵和四肢短小，不善攀爬。它们经常比其他啮齿类动物发出较大声音，当身体疼痛或遇到危险时，豚鼠会发出吱吱的尖叫声。饥饿时一旦听到技术人员推着饲料车进入房间的脚步声或当把它们与同笼豚鼠分开或从原来的笼中移走时，豚鼠都会发出此类叫声。豚鼠胆小易惊，因此必须小心且轻轻地靠近，避免豚鼠产生应激反应以至于伤害它自己。

豚鼠会浪费大量饲料，它们有时候会坐于饲料中，甚至在食盘里排泄尿液和大便。饲养者最好能够避免这种情况发生。除弄脏食物外，豚鼠还有把咀嚼过的食物吹到水瓶的吸液管中的习性，这样容易堵塞吸液管，这就需要技术人员经常清洗吸液管，并勤换水。

理发行为是群养小鼠和豚鼠中普遍存在的问题，同笼饲养的处于强势地位的豚鼠会咬掉处于劣势地位豚鼠身上的毛发，留下裸露的皮肤，这就容易产生皮肤感染等问题。

3. 生理数据

体温：37~39.5℃。

心率：230~320 次/分。

呼吸速率：42~104 次/分。

体重：成年豚鼠 500~800g；新生鼠 70~90g。

需水量：50~80g/d，或者每日 10ml/100g 体重。

食量：30~48g/d，或者每日 6g/100g 体重。

粪便：质地较硬，深色的粒状比大鼠粪便大一些。

尿液：黄色，略微浑浊。

寿命：4~6 年。

二、用途

1780 年，Laviser 首次使用豚鼠做热原质试验。20 世纪 20 年代后期，英国培育的 Dunkin-Hartley 短毛豚鼠是最早的实验豚鼠品种，现已广泛应用于医学、生物学、兽医学和药学等领域。它们在科学研究上常被用于营养学研究（如维生素 C）、免疫系统的功能、疾病感染方面的研究（尤其是肺结核）以及其他研究。

三、饲养繁殖

1. 抓取和保定　豚鼠敏捷性较差，而且温顺的性情使得它们比其他实验类啮齿类动物更加容易抓取。要抓取它们，先把一只手放在肩部，拇指和示指放在前腿的后面；另一只手掌放在豚鼠的尾部以支持豚鼠的重量，这样就可以移动豚鼠。想更加牢固的抓紧豚鼠，支撑臀部的指头应该抓住后腿以控制豚鼠（图 9-5）。

2. 饲养管理　豚鼠常常被一起饲养在具有铺垫垫料的笼具里，但是悬挂式的笼具也可以用来饲养豚鼠。因豚鼠攀爬和跳跃能力较差，所以豚鼠饲养笼具可不加盖，四周围栏或笼具侧围高度不小于 40cm。豚鼠活动性强，笼具底面积要求比一般啮齿类动物要大。豚鼠

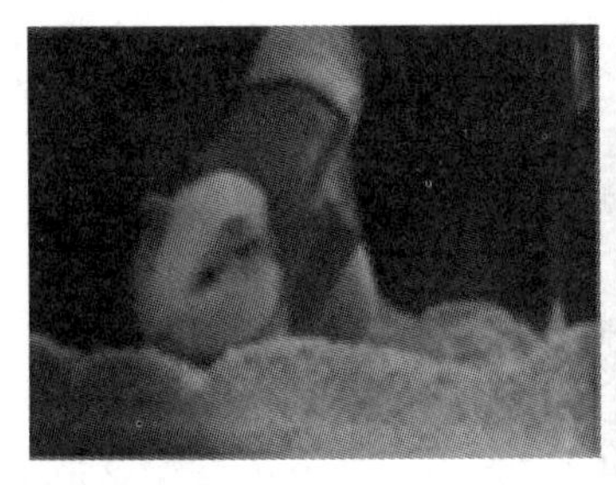  

图 9-5　豚鼠的抓取与保定

能够产生大量的排泄物，因此，工作人员应根据豚鼠的饲养数量来决定每周的清洁次数。

3. 饲料　与人类和非人灵长类动物一样，豚鼠体内不能合成维生素 C，因此，豚鼠的饲料中一定注意添加富含维生素 C 的饲料。由于富含维生素 C 的饲料即使在理想的储存条件下也非常容易变质，因此，一般情况下，除非饲料生产商在饲料中添加一种新型的维生素 C（即微囊化抗坏血酸）外，超过生产日期 90 天后的饲料就不再用来饲喂豚鼠，饲料中添加了微囊化抗坏血酸后，保质期延长到 180 天。维生素 C 缺乏容易使豚鼠患上维生素 C 缺乏病（坏血病），如果不及时治疗将会有致命的危险。

豚鼠属草食动物，臼齿发达，嚼肌发达，爱吃含纤维素较多的禾本科嫩草。食量较大，食性挑剔，对饲料的改变敏感。胃壁极薄，盲肠发达，肠管长。体内缺乏古洛糖酸氧化酶，自身不能合成维生素 C，必须补充青绿饲料。有食粪癖，从肛门口处取食软粪补充营养，幼仔从母鼠粪中获取正常菌丛。

典型的啮齿类动物饲料，每个颗粒为 4~5 克，豚鼠是不能吃这些饲料的。饲喂于豚鼠和兔类的饲料看上去很相似，但是兔类的饲料缺乏豚鼠所必需的维生素 C。这些饲料较大、小鼠饲料颗粒更加细小和柔软。

4. 性别鉴定　不像其他的啮齿类动物，雌雄豚鼠在肛门处差异不太显著。豚鼠的阴茎在腹股沟区（后腿之间）的皮肤下面可以被触摸到，人工按压时会突出来（图 9-6）。

5. 繁殖　饲养豚鼠需要有特殊的条件。豚鼠生长发育快，一般 3 月龄（12 周）体重可达 550~600g。雌鼠饲喂到 7 个月时会产生过多的脂肪组织，并且髋骨处的耻骨联合（参考相关章节的解剖图）结合易阻碍胎儿的产出。难产常常出现在年龄较大的雌鼠中。

妊娠期间，应饲喂满足受孕雌鼠营养的食物。需在饲料和水中补给新鲜蔬菜，以便保持肠道通畅。在妊娠期，雌鼠的体重可能是原来的两倍。

雌鼠性周期根据豚鼠品系而异，平均 16 天，发情时间可持续 6~11 个小时，具有产后发情期，而且分娩后如果与雄性豚鼠共同饲养则极易受孕。

交配后雄鼠精液中的副性腺分泌物在雌性阴道内凝固、形成阴道栓（交配栓），停留数小时后脱落，阴道栓可确定交配日期，准确率达 85%~90%。

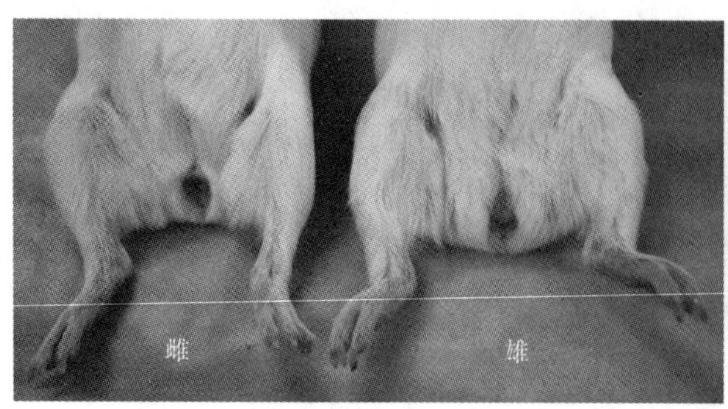

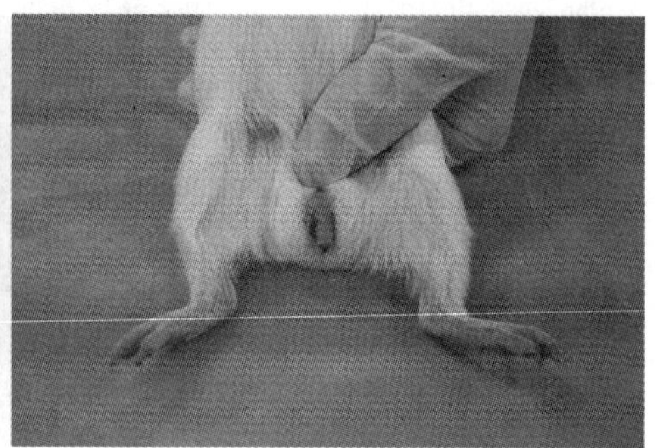

图 9-6 豚鼠的性别鉴定

妊娠期根据产仔数和豚鼠的品种而异。豚鼠妊娠期为 59~72 天，平均是 63 天，比其他啮齿类实验动物长的多。产仔数 1~6 只，多数为 2~4 只。食仔现象并不严重，然而在小群饲养或者过于拥挤的环境下可能会发生；如果在小群饲养中发现了食仔现象，应在分娩前分离雌性豚鼠。与其他的啮齿类新生幼仔不同，由于豚鼠妊娠期长，胚胎在母体发育完成，出生后即可完全长成，全身覆有被毛，眼耳已张开，有恒齿，产后 1 小时即可站立行走，数小时能吃软饲料。它们仍需要母乳护理，14 天后（150~200g）断奶。

6. 繁殖性能指标

性成熟期：60~90 天。

性周期：16~18 天。

妊娠时间：60~65 天。

窝产仔数：2~4 个。

食仔性：除非环境太拥挤否则不会发生。

离乳时间：18~24 天。

第四节 仓　鼠

仓鼠（hamster），又名地鼠，是常见实验动物之一。属于啮齿目，仓鼠科，仓鼠亚科动物。地鼠的体型小到中等大小，分布于欧洲和亚洲地区。实验中最常使用的地鼠有两种，叙利亚仓鼠，也称金黄地鼠（golden hamster，*mesocricetus auratus*）和中国地鼠（Chinese hamster，cricetulus griseus），又称黑线仓鼠。金黄地鼠是 1930 年耶路撒冷 Hebrew 大学教授 Aharoni 赴叙利亚做动物学调查时用于黑热病研究，由此繁衍而来，染色体 2n=44，体重 150g 左右；中国地鼠由美国科学家培育成功，体型较小，重量一般为 40g 左右，染色体 2n=22。

一、生物学特性

1. 生理特性　仓鼠胆小，警觉敏感。行动迟缓，不敏捷，易捕捉。凶猛好斗，常互相撕打。雌鼠亦好斗，较雄鼠强壮，非发情期不允许雄鼠靠近。喜居温度较低、湿度稍高的环境，室温以22~25℃为宜，湿度以40%~60%为宜。对室温变化敏感，一般8~9℃时可出现冬眠，低于13℃时幼仔易冻死。仓鼠昼伏夜动，通常晚8~11点钟活动频繁，白天睡觉。嗜睡，熟睡时全身松弛，如死亡状，不易弄醒。喜独居，生活能力强。具有储食习性，常有食仔癖。

仓鼠对皮肤移植反应特殊，同一封闭群内的个体间皮肤移植均可成活，并能长期生存。但不同种群之间的移植100%被排斥。颊囊缺乏组织相容性反应，可以进行肿瘤移植。自发感染少，便于实验性诱发感染。中国地鼠对白喉、结核菌极其敏感，其睾丸是极好的接种器官。由于自发性和内源性病毒感染发生率低，中国地鼠的组织培养细胞已成为诱变和致癌研究的实验工具。

2. 行为习性　仓鼠昼伏夜动，在常用的啮齿类动物中属于“夜猫子”。尝试抓取熟睡中的仓鼠应格外小心，当仓鼠受惊吓时仓鼠会咬人，特别是突然受到惊吓而惊醒的时候；最好是在抓取仓鼠前轻轻的柔和的弄醒仓鼠。动物饲养员频繁而小心的抓取使仓鼠更温顺，更容易抓取。

与其他啮齿类实验动物相比，仓鼠更具有攻击性。雌鼠通常攻击雄鼠，大的雄性仓鼠通常攻击幼鼠。一旦强弱关系确定后，仓鼠的生活将趋于稳定，仓鼠将暂时处于一种相对和平的关系中。在相对和平的关系中，不建议常常为仓鼠更换笼具。具有攻击性的仓鼠可能需要更加坚固的笼子。

如果室温低到大约5℃，仓鼠就有可能会冬眠。

3. 生理数据

体温：37~38℃

心率：250~600次/分。

呼吸速率：35~120次/分。

体重：成年仓鼠，80~120g；新生鼠，8~12g。

需水量：每日10ml/100g体重。

食量：每日10g/100g体重。

粪便：硬的，米粒样的，暗棕色。

尿液：不同于大小鼠的清澈液体，而是厚厚的奶状液体。

寿命：1.5~2年。

二、用途

中国地鼠是最先用于科研实验的鼠类。它们用于生殖生物学研究可以追溯到1927年，其中主要用途之一便是糖尿病的研究。另外，用于科学研究的其他种属包括三线仓鼠、美洲仓鼠、布氏田鼠和东方田鼠等。

仓鼠具有许多解剖特征使其成为实验研究中的理想模型。最突出的特点是仓鼠口腔内两侧各有一个颊囊（图 9-7）。仓鼠是所有用于实验研究的啮齿类动物中唯一具有颊囊的。颊囊是咽部两侧的一薄囊上皮组织，一直衍生到耳后颈部，延长了脸颊；可以用于储存食物、草垫、筑巢材料以及雌鼠受到惊吓时掩护幼仔；颊囊很薄，在显微镜下可看见血管。翻开（里面翻到外面）一个麻醉了的仓鼠的颊囊，把颊囊放到显微镜下，血管便可以进行检测，可用于活体血管研究。

图 9-7　仓鼠的颊囊

颊囊的另一个特征是缺少淋巴管，对外来组织不产生免疫排斥反应，是研究肿瘤和组织移植的理想模型。

仓鼠和其他的啮齿类动物不同，它具有两个胃，分为前胃和腺胃，前胃与腺胃分离。组织结构来看（在显微镜下观察组织），前胃与反刍动物的胃部很类似。有些研究者认为前胃相当于一个发酵罐，在消化过程中起酸化作用。仓鼠的两个胃的实际作用还有待进一步的研究。

仓鼠还有一个有趣的解剖学特征是侧翼器官或者臭腺，分布在背的左右两侧，在成年的雄性仓鼠中，这些区域被黑色、短而硬的皮毛覆盖；雌性仓鼠中，这些皮毛就柔软许多。这些皮脂腺分泌一些麝香类的液体，或许用来吸引异性，但作用现在尚不确定。我们会发现仓鼠会花很多时间梳理这些腺体周围的毛发。

仓鼠也常被用于其他方面的研究，如癌症研究、细胞生成（遗传上）的研究以及牙齿（龋齿）的研究。

三、饲养繁殖

1. 抓取和保定　抓取时，抓住仓鼠肩部的松弛皮肤或者双手捧起仓鼠进行笼具间转移。

将仓鼠放于笼具顶部或平坦物体的表面，手掌轻轻的朝着仓鼠的背部压去，同时保持手指是直的；接着，四指和拇指朝着仓鼠的方向弯曲，尽可能多的抓住仓鼠背部的松弛皮肤。注意不能抓得太紧以免仓鼠呼吸困难，或者抓得太松以免仓鼠咬伤。

2. 饲养管理　仓鼠常常被饲养在至少 180cm 高鞋盒式笼具里。由于仓鼠喜欢打洞，因此笼具应当使用合适的垫料材料；笼盖应非常坚固以防仓鼠从笼中逃走，笼中不应有裂缝或者洞，因为一旦有机会，仓鼠可能会咬坏笼子后逃出。笼具清洁方面和大、小鼠一样，应根据笼中动物的数量每周更换 1~2 次笼具。搁架和笼架应至少每两周进行 1 次消毒，饮水器必须每周至少清理两次。

3. 饲料和水　商品化的啮齿类动物饲料有利于仓鼠的生长，食物和水可以随意饲喂，可以通过饮水瓶或者自动饮水装置来提供水源。

仓鼠非常挑剔，它们常常在笼子的一角堆放垃圾，另一个角作为食物储藏区。因此，不必担心食物被粪便或者尿液污染。这对于饲养仓鼠幼仔非常重要，因为它们 7~10 天的时候就开始吃固体食物了，此时它们可能嘴碰不到笼子顶部的饲喂料斗。

4. 性别鉴定　成年雄性仓鼠很容易与雌性仓鼠区分，它们的睾丸比较大，尾部较雌性更突出一些（图 9-8）。

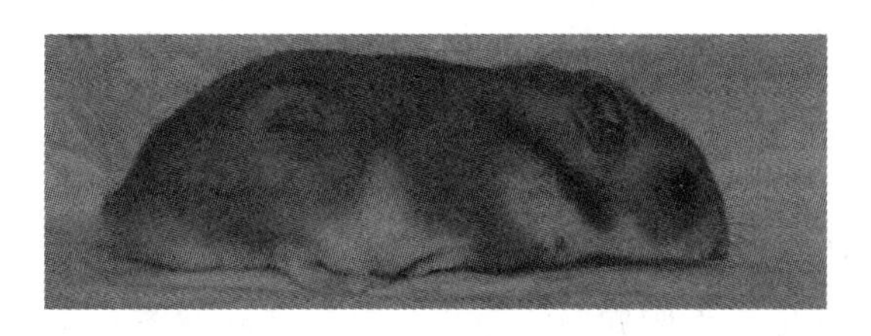

图 9-8　雄性仓鼠

5. 繁殖　仓鼠的繁殖有四种交配方式：人工配种，一雌一雄配种，间隔配种以及小群交配法。

人工配种中，雌性仓鼠在照明时期结束后被放入雄性仓鼠的笼中，如果雌鼠正处于发情期，交配通常在五分钟内结束；交配结束后应立即将雌雄仓鼠分开，否则将会发生打斗。

小群交配法中，将多只雌性仓鼠与 1 只雄性仓鼠（或者几只雄性仓鼠和很多雌性仓鼠）共同饲养。雌性仓鼠在分娩前至少两天要从笼中移走，与幼仔单独饲养，直到断奶。如果将雌鼠再次放回笼中极有可能发生打斗。

间隔交配方法中，雌鼠按顺序与 1 只或 2 只雄鼠同居一周。然后将雌性仓鼠移到另一个笼中以待分娩或者确定它没有受孕。

一雌一雄配种，在幼鼠离乳后未产生争斗之前，立即放在另一个笼中饲养，这样成功率会很高。在一个永久成功的配对中，合笼 30 天后，雌鼠进行产仔，一般产仔周期为

30~40天。在这种交配系统中，要为仓鼠提供筑巢材料，因为筑巢材料对幼鼠的成活至关重要。

如果雌鼠受到陌生的打扰或惊吓，它会试图将小仓鼠藏到自己的颊囊中。危险过后，应将雌鼠与幼鼠分离将幼鼠移走。为降低雌鼠蚕食幼鼠的可能性，幼鼠出生7天后，将雌鼠和幼鼠分离，因为，即使没有危险，雌鼠也可能会吃掉自己的幼仔。

6. 繁殖性能指标

性成熟期：42~70天。

性周期：4~5天，无产后发情期。

妊娠时间：15~16天。

产仔量：5~10个。

食仔性：雌鼠初胎或产后几天内受到惊吓时可能会蚕食它们的幼仔。

离乳时间：21天，但是小仓鼠在7~10天时就开始吃固体食物了。

第五节　兔

兔（rabbit，*oryctolagus cuniculus*），生物医学研究应用的实验兔多为欧洲野兔的后代，在生物医学研究中具有广泛的应用。

一、生物学特性

1. 生理特性　兔高度警觉，胆小怕惊，温顺。具有嗜睡性，若使其仰卧，全身肌肉松弛，顺毛抚摸其胸腹部并按摩太阳穴时，可使其进入睡眠状态。兔的嗅觉、听觉、视觉十分灵敏，能凭嗅觉辨别非亲生仔兔，并拒绝为其哺乳，还能嗅到其他动物。大耳朵能听到很微弱的声音，快速准确地定位声源。视野广阔，常直坐俯视地平线。

兔对环境变化十分敏感。厌湿喜干，怕热。由于汗腺不发达，当气温超过30℃以上或湿度过高时，易引起减食、废食，还会造成母兔流产，泌乳量减少和拒哺现象。喜安静、清洁、干燥、凉爽的环境。耐寒不耐热。群居性差，群养时同性别成年兔经常发生斗殴咬伤。适于单笼饲养。具有夜行性，白天表现十分安静，常闭目睡眠。夜间十分活跃，采食量占全天的75%。齿尖，喜磨牙，有啃土、扒土习惯。拉粪撒尿固定一角，有良好的卫生习惯。喜弹跳运动，喜寻找掩蔽物获取安全感。

兔的体温变化灵敏，最易产生发热反应，发热反应典型、恒定。对致热物质反应敏感，适用于热源实验。汗腺不发达，在高温环境下主要通过浅而快的喘式呼吸和耳部血管扩张来散热，维持体温恒定。适宜的环境温度因年龄而异，初生仔兔窝内温度保持30~32℃，成年兔窝内温度保持20±2℃。对体内温度变化的抵抗力较差，肠道血管较脆弱，肠壁富渗透性。

兔免疫反应灵敏，产生血清量较多，耳静脉和动脉较粗，易于注射和采血，故常用于制备高效价的特异性免疫血清，生产抗体。兔后肢膝关节屈面腘窝处有一个比较大的呈卵圆形的腘淋巴结，长约5mm，易触摸定位，适用于淋巴结内注射。兔抗空气感染能力很强，对皮肤刺激反应敏感，反应近似于人。兔在遗传上具有能产生阿托品酯酶的基因，该酶能破坏有毒的生物碱。

2. 行为习性　兔类很活跃且具有好奇心，它们长时间探索周围的食物。由于兔类善于从没有盖紧的笼子中逃走，笼子的盖子和门应该妥善锁好；笼子的卡扣应当牢固的锁在笼子较低的地方，以防兔子咀嚼卡扣。兔类常常四只脚趴在地板上，使它们身体的重量平均的分散到四肢上，它们的头会抬得跟背部最高处一样高。兔子会在笼中蹦跳或偶尔用后腿站着。天热休息的时候，兔子会侧着身子或者趴着伸开四肢，它们的头会贴在地板上；兔子受到惊吓时可能会绕着笼子跑或者是蹬后腿或者蜷缩在笼子角落里。

兔类性情温和，但有时尤其是受惊时，它们可能会咬饲喂者或在饲喂者手中挣扎。有时兔子在攻击或受惊吓时会跺后脚，当兔子极度惊吓时，它们会发出尖叫声。

兔类对噪声很敏感，当有很大噪声或突然有噪声时，兔子反应剧烈。因此，兔类的饲养区应尽量远离噪声区。

兔类的指甲生长的非常迅速。野生兔子通过挖洞穴或跑步来保持指甲的合适长度；家养兔类没有条件磨损指甲，所以饲养者需定期为兔子剪指甲。指甲应当尽量剪平，不要剪得太短，以防止出血。

家兔在黄昏和夜间十分活跃，一般在接近黄昏的时候或者清晨一大早进行饲喂和饮水，白天家兔变现安静，除喂食时间外，常常闭目睡眠。

3. 生理数据

体温：38~40℃。

心率：130~325 次/分。

呼吸速率：30~60 次/分。

体重：成年兔，2~6kg；新生兔，30~80g。

需水量：100~600ml/d，或者每日 50~100ml/kg 体重。

食量：100~300g/d，或者每日 50g/kg 体重。

粪便：圆形小球。兔常常会产生一类特殊的粪便叫做夜粪或者软便（因为常常在夜间排便），这类粪便常常很软并且有一薄层黏液覆盖，这是兔类消化的一个正常过程。兔吃这种粪便来促进蛋白质、水和维生素 B 的循环。吃粪便被定义为食粪性，虽然只有兔类为了这一目的而产生一种特殊的粪便，但食粪性在啮齿类动物和兔类中是普遍存在的。

尿液：由于兔类的尿液中含有很高的矿物质，因此，尿液的颜色可以是清澈的红色或黄色或者是奶黄色。

寿命：5~8 年。

二、用途

兔不仅作为一种研究疾病的模式动物，而且用来生产抗体，药物筛选，以及用于检测某些注射类药物是否具有引起发热的可能性（热源检测）。兔还被广泛应用于动脉粥样硬化等科学研究中，其中，新西兰大白兔是最常用的品种。

三、饲养繁殖

1. 抓取和保定　兔类是典型的胆小且极易兴奋的动物。兔类常常会拒绝被抓取，抓取时切记粗暴以免伤害到它们以及抓取者。兔类保定方法有两种，徒手保定法或器械固定法，保定方法的选择取决于后续的实验步骤。

徒手保定兔子时，动作应当轻柔且坚定，这样会使兔子放松，并且不再挣扎。抓取兔子时，一只手抓住兔颈背部的被毛和皮肤，轻轻把动物提起，把兔拉至笼门口；另一只手托住兔的后身和臀部（图 9-9）。该方法可以防止兔子强有力的后腿蹬踹跳走，如果不用另一只手托住后身和臀部，可能会伤害抓取者和兔子。

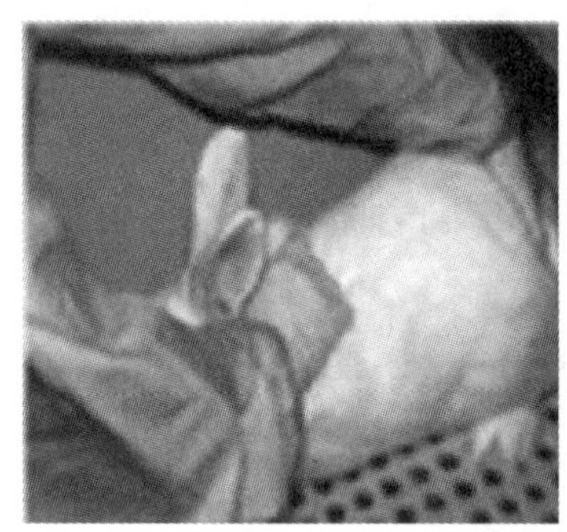
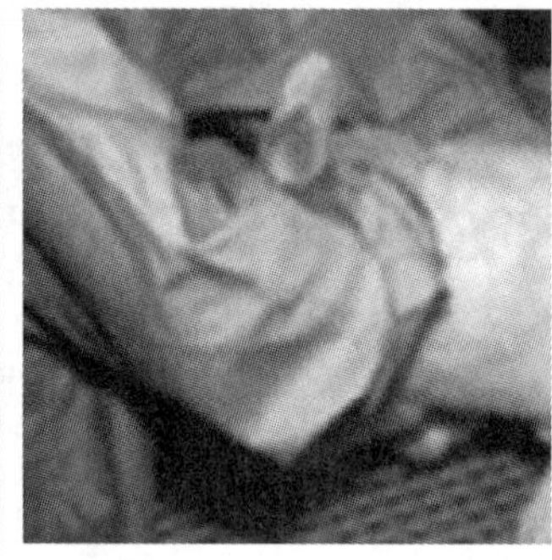
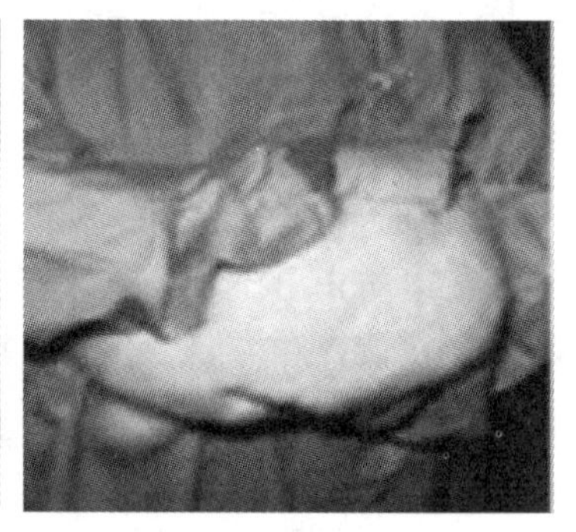

图 9-9　兔的抓取与保定

运输家兔时，可以抱着兔子，将其头部挤进手臂肘部的弯曲处，用手托住它的后肢和臀部，这样抓取者一只手可以操作兔子的头部和后肢，另一只手可以开门或者打开笼子。抓取家兔时不得抓耳朵，因为这会伤到兔子的软骨而给兔子带来疼痛。

检查兔子的头部、嘴巴、牙齿和鼻孔时，抓住兔子脖子的颈背部；然后，托住兔子的臀部将兔子上下颠倒一下，并且把兔子的臀部掖在胳膊里，这样一方面会保护兔子的颈背部；另一方面操作者可以用一只手来检查兔子。生殖器检查或者性别鉴定需要把兔子的背部放到操作者后壁肘部的弯曲处，这样操作者可以用一只手来进行检查。只要操作者抓取兔子时动作放松坚定，兔子会保持安静的。

器械保定法来保定兔子，需要将兔子放到一个尼龙或者帆布袋子中，或者是用一种用塑料或者不锈钢材料做的专门用来保定的机械装置。这类保定方法常用于耳部采血、静脉注射、标记或者治疗，装置尺寸必须适合家兔的个体大小。有一种固定器具有一个滑动的隔离板，用来紧贴着兔子的臀部来固定，并且使兔子的头部保持在一个固定的姿势，从而避免兔子前后左右移动。借助这种装置可以一人安全有效地进行采血或进行更加精细的操作。兔子必须保持安静，过多的挣扎可能会使得兔子的脊柱受伤。因此，在无人看守的情况下，兔子不能被保定在一个固定器中，而且必须把兔子的后腿牢牢地固定住。

2. 饲养管理　对于大多数的兔类，外界环境的最适温度是16~22℃。温度较低会减少兔子的脱毛量，会带来兔子的胃肠道被毛球堵住的问题，即便温度很低，兔子也会产生大量的毛发，这些毛发会集聚在笼子，墙壁，地板以及饲养室的空气过滤器上。因此，经常的清理兔子脱落的毛发对于保持兔子饲养室的空气流通是很有必要的。

实验室用兔常常会饲养在具有非接触性垫料的笼中，也就是在笼子下面的地板上有一个盛有垫料的盘子；笼子四面的下半部分为坚固的木板，上半部分及笼盖用铁丝或者是多孔的材料构成。这种设计能够避免兔子将尿液撒到笼子外面，通风好，且利于对兔子进行观察。

笼地板铁丝的空隙应适宜，一方面利于兔行走，另一方面要求兔粪易于掉下。有些笼架装有自动清洗装置，它能够定时将粪便和尿液冲到下水道中。

兔笼应至少每两周清理1次，笼下面的托盘应每周清空或至少每周清理2~3次，清理托盘的方法和清理笼子一样。由于兔的尿中含有大量的矿物质，尿液干掉后矿物质会留在垫盘表面，因此，应用酸浸泡托盘，以除掉尿垢。

与啮齿类动物一样，兔类也会长出很长的门齿，相关门齿太长的征兆以及处理方法与啮齿类动物一样。

3. 饲料和水　应该用带有吸管的饮水瓶或自动饮水系统为兔类提供新鲜干净的饮水，饮水瓶须用固定装置牢牢地固定在笼子上，因为兔子常常会咀嚼吸管，这会导致瓶子脱落或者是破裂。进料盘也应当牢牢地固定好。

缺水时兔子会停止进食，所以当发现兔子停止进食时应首先检查饮水装置中水的供应情况。如果用自动饮水装置来给兔子提供饮水，那么必须要锻炼兔子的饮水技巧。调试饮水的阈值使得水流缓缓地流出也可以训练兔子使用自动饮水装置。

通常我们用料斗型的饲喂器饲喂球状的食物给兔类。由于兔子常常会啃咬食物，所以，它们不能吃流食或者是大块的食物。商业饲喂兔子的饲料中含有平衡的营养，并且含有较高的纤维成分。

兔子生病的征兆之一就是丧失食欲。在正常的饮食水平下，成年的新西兰大白兔每天大约消耗150g食物，所以动物饲养员很容易就可以掌握兔子的饮食量。如果兔子的食物消耗量低于这个水平，那么这种情况就应向管理者报告。

4. 性别鉴定　雄性兔子有一个明显的包含睾丸的外部阴囊，如果用拇指和示指前后轻压阴囊，那么阴茎就能够突显出来。幼兔的性别可以根据外生殖器的不同来判断，雌兔的外阴呈现一条突出狭缝，雄兔的包皮看起来是圆圆的，有多个圈样的形状（图9-10）。

5. 繁殖　兔类是“一雄多雌交配制”的动物，因此，它们不会形成永久的配偶关系。一只雄兔能够与多只雌兔交配，而且每周交配可达5次。由于雌兔具有领地性，交配时，

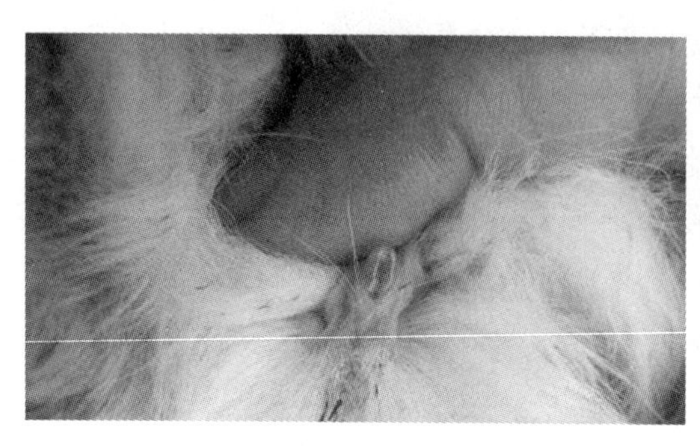
左：雌

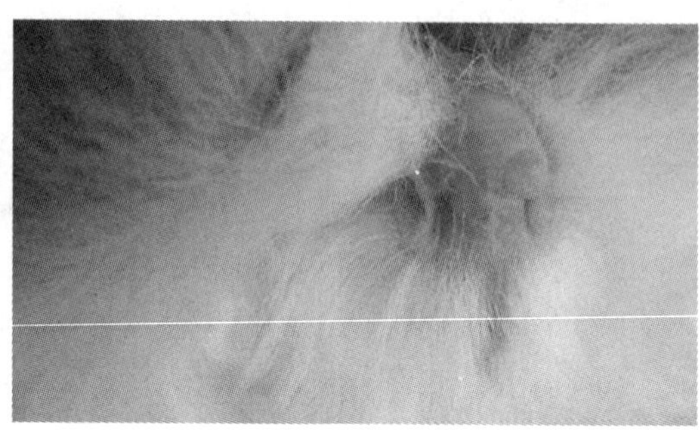
右：雄

图 9-10　兔子

需将雌兔放到雄兔笼中；如把雄兔放到雌兔的笼中，可能会发生打斗。另外，在雌兔的笼中雄兔对领地标记更加感兴趣而不是交配。

与其他动物不同，雌兔虽没有真正的发情周期，但在接受雄兔交配上确有一定的节奏性，接受期的长短和频率在家兔和野兔中是不同的。另一个有趣的现象是雌兔只有交配刺激后才会排卵，这叫做诱导性排卵。猫类和鼬类也具有此特征。

兔需要巢盒来产仔，木屑是很好的巢穴垫料。此外，雌兔会从自己身上采下兔毛来修整巢穴。与刚出生的大、小鼠类似，幼兔出生时全身赤裸、眼紧闭，不能自由活动。

6. 繁殖性能指标

性成熟期：4~6 个月。

性周期：没有规律的发情周期，雌性兔子通常 4~6 天交配 1 次，而且是诱导性排卵。

妊娠时间：29~35 天。

窝产仔数：4~10 个。

食仔性：对于刚刚出生的幼仔有自食现象，尤其是第 1 个幼仔，应当避免打扰到雌性兔子以防止发生食仔现象。

离乳时间：4~6 周，幼仔第 3 周便开始吃干的食物了。

第六节　犬

犬（dog，*canis familiaris*）又名狗，属于食肉目，犬科，犬属、犬种。

一、生物学特性

1. 生理特性　犬喜欢接近人，易驯养，能理解人的简单意图，服从主人的命令。健康犬鼻尖如涂油状滋润，触摸有凉感。

犬视力因品种不同而有差异，一般视力不发达，每只眼睛有单独视野，视角仅为25°以下。正面近距离是看不到的，这是由于犬眼球的水晶体较大，眼睛测距性能差，视网膜上无黄斑，即无最清晰的视觉点，一般视力仅20~30m。实验证明色感也差，为红绿色盲。

犬的听觉十分灵敏，范围为50~55000Hz，听力是人类的16倍。

犬的嗅神经极为发达，鼻黏膜布满神经末梢，鼻黏膜内大约有2亿个嗅细胞，为人类的40倍，嗅细胞表面有许多粗而密的纤毛，大大提高了嗅细胞的表面积，使之与气体接触的面积扩大，产生敏锐的嗅觉功能，其嗅觉能力是人的1200倍。一般按体型比例来说，鼻尖离嗅脑越远，则嗅觉能力越强。

犬的触觉较敏感，触毛生长在上唇、下唇、脸部和眉间，粗且长，敏感度较高。雄犬性成熟后爱撕咬、喜斗，有合群欺弱的特点。

犬的味觉极差，神经系统发达，能较快的建立条件反射。喜欢清洁，冬天喜晒太阳，夏天爱洗澡。犬的时间观念和记忆力强。犬具有高度群居性和社会性，好奇心强，习惯不停地活动，如果运动量不足，会导致雌犬不发情或配种后不孕，长期饲养应该配备运动场。

犬的皮肤汗腺极不发达，趾垫上有少量汗腺，散热主要靠加强呼吸频率，将舌头伸出口外以喘式呼吸，通过加速唾液中水分的蒸发，来加速散热，调节体温。

2. 行为习性　与动物护理和研究人员的接触可以提高犬的心理和生理健康。正常、快乐、未受威胁的犬会经常从它的操作者中寻求关注。寻求关注的姿势可能是顺从的或者多样的。顺从的犬会表现出接近操作者，蜷缩，向侧面移动，低头，耳朵变平，身体贴着地面，尾巴在两腿间摇摆等现象。这种靠近的动作表现踌躇，逐渐向前，眼睛向下看。而兴奋、自信的犬的接近方式是直接的，表现为头保持上扬，眼睛明亮，耳朵保持机警。犬通常会发出犬吠声，身体伸展，尾巴直立摇摆。

当犬处于生病或恐惧状态时，通常会单独蜷缩于狗笼一侧，将脚藏到身体里面，头和尾巴卷曲到一起。对呼喊声没反应，会发抖、咆哮或者呜咽。

犬属于社会化、合群动物，可以成群圈养。但技术人员须观察群内最弱势的动物是否得到了共享的食物和水。

犬的神经系统发达，能较快的建立条件反射。犬有多种神经类型，神经类型不同者性格不同，用途也不同。主要神经类型有：多血质（活泼的）——均衡的灵活型；黏液质（安静的）——均衡的迟钝型；胆汁质（不可抑制的）——不均衡，兴奋占优势的兴奋型；忧郁质（衰弱的）——兴奋和抑制均不发达。

3. 生理数据

体温：38~39℃。

心率：60~120次/分。

呼吸频率：10~30次/分。

体重：因品种而异，成年犬，10～30kg；初生犬，300～500g。

需水量：400～1200ml/d，或者每天消耗40ml/kg体重。

食量：450～1350g/d，或者每天消耗45g干饲料/kg体重。

寿命：12～14年。

二、用途

自17世纪开始，犬就被用于实验性生理学、药理学和外科研究。许多心脏研究和整形外科研究仍然利用犬作为模型。比格犬是标准的实验用品种，但猎犬和杂交品种的犬也经常被使用。

三、饲养繁殖

1. 抓取和保定　犬具有个体特性，因而需要根据其特性进行抓取。大多数性情温顺，会讨操作人员喜欢；但有些犬有胆小、惊恐或者凶狠的表现。虽然犬还没有被很好地社会化，但大多数犬对于温和的频繁的抓取仍表现温驯。

接近时，动作应缓慢，并以温和的表情和声音抚慰以使其保持平静。捉取时，操作者缓慢伸出一只手臂，手掌向下，手指伸开，弯腰到犬的高度，在犬处于平静放松的状态下，将犬链或带有活结的绳索套在犬的脖子上。注意不要将动物逼进角落以免它以为进入陷阱产生惊恐。耐心和善意对于成功的捕捉犬非常有效。切忌抓取犬的颈部，操作者可以把一只手放于犬胸腔的下部，另一只手放于臀部，慢慢将其举起。也可以抱着犬的四肢，使其侧面靠着操作者将其举起。

对于攻击性的犬，如须使用物理性方法捉取，可以使用捕捉棒来保证操作者和动物的安全。将捕捉棒的环套进犬的颈部控制犬的头部，另外一个人可以抓住犬的后腿给其注射镇静剂。捕捉时有时需要用口套固定犬嘴。市场上有许多商品化的口套，简易的口套由纱布绷带原料制成。固定犬嘴，利用一个60cm长的纱布绷带，中间的环套紧系在犬的口鼻上，环套下部系在下颌处，再将绷带末端穿过耳下紧系到犬脑后。这种方法可以保证犬嘴紧闭，但犬又感觉舒服，使得动物不会轻易移动口鼻。

在为温顺的犬注射或进行其他操作时，将其胸部朝下，固定在一平面。操作者一只手环绕动物颈部，使其头部高于其肩膀。操作者一只手将犬的头部和颈部保持这个姿势，另一只手放置在犬的胸腔位置，自然抓住犬的前腿。如需将犬侧面捉取，犬应侧面放置，腿伸向操作者。操作者一只手抓住犬底部的前肢，前臂置于犬的颈部，另一只手抓住犬的后肢，前臂置于犬的臀部。操作者可用一或两个手指抓住前肢上部，也可以让另一个操作者操作固定。保定动物关键是动作轻缓。

对于进行X线照射或者其他长时间操作时，可采用化学方法进行保定。镇静剂、镇静剂或者巴比妥盐可以被用于化学保定。药物注射必须在兽医指导下由专业人士进行。

2. 饲养管理　舒适的环境有助于犬的身心健康。合格笼舍或圈舍应空间足够大，可供犬自由活动和正常的调整姿态（能够站立、躺下、转身等）。如有可能，给予犬牵出笼舍锻炼或跑动的机会。可以牵着犬链走动或者将狗放入运动场地运动。对于室内圈养的犬，如天气适宜，可户外遛跑。大多数情况下可选择水泥地面进行户外遛犬，以便清洁并有助于减少训练中不必要的问题。

室内犬笼应有坚固的木条地板或金属表层的地板，地板可以使尿液和粪便排出，同时动物的脚趾和颈圈不会被夹住。笼中应提供坚固平稳的平台，动物可在铁丝网中自由跑动。

犬笼地板可以覆盖一层吸水性垫料（如木屑），以用于吸收尿液，覆盖粪便。每天更换弄脏的垫料，进行地面冲洗，并定期消毒。笼具清洗时应避免弄湿动物。

每天清洁笼具，并提供清洁饮用水。笼子至少每两周消毒 1 次。清洁笼具时，食物和饮水器要拿出笼舍。每天对自动饮水设备进行检查以保证设备可以正常工作。

3. 饲料和水　犬为肉食性动物，善食肉类、脂肪和骨，对动物蛋白和脂肪的需求高，对植物纤维和生淀粉消化力差，也可杂食或素食。犬的牙齿具备肉食动物的特点，犬齿、臼齿发达，撕咬力强，咀嚼力差。为使犬营养均衡，需饲喂肉制品、谷类、蔬菜、脂肪和维生素。一般商品化饲料可满足犬所需的必需营养。犬的食量决定于犬的大小、年龄、健康状况、活动力、特别的研究需要以及是否怀孕或哺乳期。

成年犬应该每天饲喂 1 次定量的干饲料，有足够时间供犬自由采食，如有剩料，应移走。当两只或者更多的犬圈养在一起时，实验动物技术人员应该注意观察保证每只犬都能够吃到足够的食物。新鲜、干净的饮水应该可以自由饮用。水的消耗量可能会很大，取决于动物个体的不同或者采食饲料的类型。采食干饲料的犬饮水量要多于采食罐装饲料的犬。

4. 性别鉴定　犬的外生殖器容易辨认，雌雄差异明显。犬为春秋季单次发情动物，多数在春季 3~5 月和秋季 9~11 月发情，雌犬只有在发情期才与雄犬交配。雌犬发情期表现为阴户肿大，阴道流出淡红色分泌物。发情期持续 2~3 周，间隔期大约为 6 个月。在此期间，雌犬对雄犬极具吸引力，但通常允许交配时间持续 4~10 天，交配开始于完全发情后的 11~17 天内。自发排卵发生于发情中期。

5. 繁殖性能指标

性成熟：6~10 月龄。

性周期：季节性单次发情，每次持续 3 周，间隔 6~7 个月。

妊娠期：58~67 天，与猫和豚鼠相似。

窝产仔数：因品种而异，一般 4~12 只。

离乳时间：6~8 周。

第七节　非人灵长类

非人灵长类包括除人以外所有灵长类动物，属于哺乳动物，灵长目。

科学家已经划分了超过250类非人灵长类动物。主要类型有两种，一种为类人猿亚目，包括猿和猴，下分阔鼻组下目和狭鼻组下目；另一类为原猴亚目类，包括其他所有的灵长类动物，下分树鼩下目、狐猴下目、懒猴下目和眼镜猴下目。猿亚目按分布规律可分为新大陆猴和旧大陆猴两类。旧大陆猴分布于亚洲、非洲，包括恒河猴、食蟹猴和狒狒；新大陆猴分布于中南美洲，最为著名的为松鼠猴、猫头鹰猴和绒猴。

旧大陆猴两眼同时闭合，鼻子长有鼻孔，鼻孔靠的近，且向下；有些口腔内有储存食物的颊囊；臀部长有厚皮。新大陆猴的鼻子是扁平的，鼻孔相距远，鼻孔向外侧展开；口腔无颊囊；臀部也无厚皮；但有长尾，可以帮助攀爬，有些还具有卷曲的、可以攀缘树枝的尾巴。

一、生物学特性

1. 生理特性　猴聪明伶俐，动作敏捷，好奇心和模仿力强，有较发达的智力，能操纵工具。属热带、亚热带动物，生活在热带、亚热带丛林中或草原上，一般栖居在树木和岩石坡面上，接近水源。从海拔100m的低丘到300m的石山均有分布。

猴的视觉较人类敏感，视网膜具有黄斑，有中央凹。视网膜黄斑除有和人类相似的锥体细胞外，还有杆状细胞。猴有立体感，能辨别物体的形状和空间位置，有色觉，能辨别各种颜色，并有双目视力。猕猴的嗅脑很不发达，嗅觉高度退化，而听觉灵敏，有发达的触觉和味觉。

猕猴（恒河猴）进化程度高，大脑发达，有大量的脑回和脑沟，有较发达的智力和神经控制能力，能用手脚操纵工具，喜探究周围事物。前膊能自由转动，具五指，拇指与其他四指相对，具有握力，能握物攀登。手足具有肤纹，可增加摩擦力和提高触觉敏感性。指甲为扁指甲。猕猴的眉骨高，眼窝深，有较高的眼眶，两眼向前。胸部有两个乳房，脑壳有一钙质的裂缝。

猕猴体型中等、匀称，身上大部分毛色为灰褐色，背毛棕黄色至臀部逐渐变为深黄色，有光泽。肩与前肢色略浅，胸腹部和腿部为浅灰色。脸部和耳部为肉色，少数为红面。胼胝为粉红色，雌猴色更赤。四肢粗短，具五指，有较长的手指和脚趾，前后肢的拇指（趾）与其他四指（趾）分开，掌面有多种不同的指纹和掌纹。食蟹猴体形比恒河猴小，毛色黄、灰、褐不等，腹毛及四肢内侧毛色浅白，冠毛后披，面带须毛，眼周皮肤裸露，眼睑上侧有白色三角区，耳直立目色黑，尾长等于或大于体长。

2. 行为习性　非人类灵长类动物属于群居性动物，喜欢与其他相同种类的动物接触交流。许多文献记载，非人类灵长类动物会互相梳理毛发进行沟通。梳毛也是繁育仪式的重要部分。

非人类灵长类动物好奇心强，会抓取其能抓到的任何东西。因此，钢笔和其他小的物件应隐蔽放置以免动物夺取。

猴具有其种群特有的身体语言及行为模式，但有时存在行为模式相同而交流方式相异的情况。敏锐的实验动物技术人员可以通过动物的身体语言，如性活动、领土划分和群互动等行为，判断动物的身心健康情况。

非人类灵长类动物经常臀部着地坐着或者躺在栖木上。在户外，它们喜欢以各种放松的姿势晒太阳。非人类灵长类动物会坐着头低着或者侧面躺着睡觉。它们用四肢或两后肢走路。

3. 生理数据 鉴于猕猴是研究中常用灵长类动物，以下为他们的生理数据。数据变化因灵长类动物的大小而异。

体温：37~39.5℃。

心率：120~180次/分。

呼吸频率：35~50次/分。

体重：成年体重，6~11kg；初生重，550g。

需水量：400~600ml/d。

食量：450~600g/d。

寿命：20~30年。

二、用途

猴属于非人灵长类。由于猴的进化程度高，与人类相似，常被广泛地用于科学研究。目前使用的主要是猕猴和食蟹猴，然而每年用于研究的灵长类动物仅占所有脊椎类动物的1%左右。

三、饲养繁殖

1. 操作和保定 由于与人类相似，非人灵长类动物容易感染许多人类疾病。另外，它们是携带人类传染病的载体。如短尾猴（具有短尾基因的猴子，如恒河猴）因携带B型疱疹病毒会引起人类死亡。与猴接触的工作人员应注意避免人兽共患病的传播。在有灵长类动物区域工作时应穿戴实验服、口罩、眼罩或者面具、手套、帽子和保护脚的用具。

如果非人灵长类动物保定不充分，可能会对工作人员造成严重伤害，而小型灵长类动物需要更加温柔的保定，即便顽皮的、友好的非人类灵长类动物保定时也应小心谨慎。动物保定需由专业技术人员利用化学试剂、厚皮革手套或保定棒、套圈来完成。保定恰当可以降低受伤和因抓伤和挠伤而被感染传染性疾病的危险。大型成年公猴可以通过修剪或者拔掉犬齿来降低危险。

对于9kg以下的动物可选用物理保定。抓取时，操作者需戴长袖防护双层厚手套。一只手将他们的前肢背在后面，另一只抓住他们的后肢使其伸直。捕捉人员须个人卫生良好，克服恐惧，身着防护服去执行正确的操作程序。

化学保定时，将动物固定在笼内，再通过笼门为猴前或后肢注射药物使动物暂时失去正常运动的能力。除了幼小的灵长类动物，对于大多数灵长类动物，这种方法都是可选的。

氯胺酮是经常用于灵长类动物化学保定的药物。

2. 饲养管理　猴可群居或独居。由于它们好奇心强，能用手操纵工具，力量大以及特殊的饮食需要，非人类灵长类动物有一些特殊的护理要求。

非人灵长类动物会拿粪便和食物玩耍，他们会将食物扔到地面，或者把其抹到每一个角落，工作人员应冲走未吃的食物和粪便，每天两次。因此，保持猴舍干净非常耗时。猴食油脂高，会引起地面打滑。因此，护理非人灵长类动物时，动物技术员要注意安全。可以使用适宜的去污剂和消毒剂以保持猴舍干净，免于微生物污染的危害。

非人灵长类动物笼须满足两条特别重要的标准：

（1）笼子须由厚重材料制成，经受住猴子持续啃咬和拉扯。门栓需牢固，挂锁比组合锁更加适用。

（2）猴笼需满足实验和管理要求。如配备挤压笼来固定动物采集血液、注射或进行其他操作。

笼子每两周应消毒 1 次。因此一个安全、简易的笼子用于转运这些强壮并且敏感的动物是必要的。

用于生物医药研究的新入场猴，不论来源，均应与原有动物隔离饲养。这些动物应小群饲养，每个房舍 6~10 只。这样可以减少疾病传播，并进行检疫，要对动物登记编号并做好医学数据记录。

观察动物是否出现疾病征兆，应进行结核检验，筛查肠道病原体，如有必要应做适当的治疗。隔离期应持续 31 ~ 60 天。建议长期使用的动物群体，继续饲养时要额外隔离 90 天。

猴易感结核，所以 TB 检验是所有非人灵长类动物管理中的重要部分。笼养非人灵长类动物至少每年进行 2 次 TB 检验，有的增加到每年 4 ~ 6 次。检验时，将少量的灭活的结核菌素注射进猴的眼睑，注射部位出现发红或肿胀即可表明该动物感染结核杆菌。

环境丰富化对于任何管理项目都十分必要。环境丰富化是给动物尽可能地提供野外环境。比如说，在恒河猴一天中，会花大部分时间用于寻找食物，与其他猴子交流互动，如玩耍、打仗、追赶和刷毛等。对于饲养于设施中的猴，动物福利要求应尽量供给它们相似的野外活动的机会，最合乎逻辑的一种方法就是将猴子进行群养。由于空间限制，动物不兼容和研究项目需求，这种要求经常是不能被满足的。但环境丰富化可以通过提供玩具、食物以及可能的情况下与其他猴及研究人员的互动交流来实现。

3. 饲料和水　除实验要求饲喂特殊的食物外，应饲喂商品化猴饲料，饲料中含有足够的维生素 C，这对非人灵长类动物健康所必需的。

新大陆猴的饲养应该包含足够的维生素 C 和维生素 D_3，因为维生素 C 分解较快，超过生产日期 90 天以上不能饲喂否则会导致维生素 C 缺乏病。健康的灵长类动物每天消耗其体重的 4%的食物。每天食物应定量分 2 或 3 次投喂，因为猴子有玩耍和浪费食物的倾向。饲喂食物可以补充苹果、橘子、香蕉或者其他水果和蔬菜。新大陆猴饲养通常应补充水果和坚果等天然食物。由于腐烂的坚果会产生致死毒素，因此，坚果应储存在干燥、阴凉的容器中。

应持续提供新鲜饮水。应每天检查供水设施、水管、喷管、瓶子和自动饮水装置，定时消毒。非人灵长类动物聪明伶俐、好奇心强，只需提示几次吸水管的位置，他们通常经少许训练或不用训练就能找到水源。群养动物通过观察相互学习。对于单独饲养的青年猴和成年猴，可以通过人工调节阀门到让其缓慢流出液体的位置来使动物学习使用自动饮水阀。一旦动物开始正确使用，阀门就可以调回正常位置。人工饲养刚出生的幼仔，起初使用吸水管吸水，长大后逐渐过渡到使用自动饮水器饮水。

4. 性别鉴定　非人类灵长类动物的性别可通过观察他的外生殖器进行鉴别。雄猴有外部可见的下垂的阴茎，触动时会缩回到阴囊中。雌性具有阴户，且肛门与生殖器之间的距离小于雄性。雄性比雌性更具攻击性。

5. 繁殖　非人类灵长类动物繁殖的方法有很多。繁育方法的选择取决于动物的种类和它们配对的目的。如繁殖种群数量，可选一雌一雄配对和一雄多雌配对法。

旧大陆猴与人类相似，定期有月经，新世界猴与其他动物相似，具有发情期。雌性恒河猴发情期时，面部、腹股沟和臀部皮肤发红、发亮，称为“性皮肤”。雌性狒狒、山魈和黑猩猩在发情期其性皮肤出现肿胀。

“性皮肤”是猕猴属的生殖生理特征之一，指在动情期，雌性动物外生殖器和臀部等处会明显变红肿胀的皮肤，红肿区域向背部扩展可达髂嵴高度，向下往往达小腿甚至足后跟，在腹部常可见位于耻骨联合上的一片三角形红色区域，同时面部也变红。性皮肤存在于雌性猕猴中，雄性不似雌性那样发育。性皮肤厚而坚实，用手按压不会凹陷，作皮内注射时阻力较大。性皮肤肿胀是3~5岁青年雌性猕猴的特点，最突出的区域常见于耻骨联合处，相当于雄性的阴囊区域，经产猕猴大多数肿胀程度略轻。性皮肤的变化依赖于卵巢，在年幼雌性中，性皮肤在两月经周期之间的中点最显著，并随月经周期消失而消失，但在健康的老年雌性中，性皮肤随月经周期的变化而逐渐变化，经常接触阳光的条件下性皮肤更加明显。

猴每年产1胎，每胎1仔，幼仔通常在夜间出生。雌猴通常自己切断脐带，把幼猴放到身前给予温暖和保护。雌猴可能吃掉胞衣和胎盘。

雌猴具有良好的母性，能独自抚养自己的幼仔。偶尔发生幼仔被遗弃或虐待时，工作人员须立即将它们分离并人工抚养幼仔。雌猴抚养被遗弃的幼仔，或偷取其他雌猴的幼仔抚养，这些行为使精确地育种记录复杂化。

6. 繁殖性能指标

性成熟：4~5年。

性周期：28天。

妊娠期：150~175天。

胎产仔数：1只/胎（绒猴常产2只/胎）。

离乳时间：12~24个月。

第八节 猪

猪（*susscrofa domestica*）属哺乳纲，偶蹄目，野猪科，猪属动物。

一、生物学特性

1. 生理特性　猪性格温顺，易于调教。爱清洁，好奇而聪明，喜探究游戏。猪的汗腺不发达，怕热，对外界温湿度变化敏感。对新购入的实验猪至少要经过1周的检疫，使其适应新的环境后才能进行实验。猪嗅觉灵敏，鼻子也是敏感的触觉器官，成为探究周围环境和寻找食物的主要工具。具有坚强鼻吻，好拱土觅食，有用吻突到处乱拱的习性，也会用鼻吻探究同伴。听觉也较灵敏，但视觉不发达。

猪适合群居，少数雌猪和它们的仔猪组成自然群，若分开会变得情绪苦闷。成熟的雄猪一般单独饲养，可减少攻击性行为发生。猪群中具有明确的群体结构和等级结构。群体间通过复杂的咕哝和尖叫声相互沟通交流。母猪分娩前筑窝。

猪的胎盘属于上皮绒毛膜型，母源抗体不能通过胎盘屏障，只能通过初乳传递给仔猪。初生猪体内没有母源抗体，只能从初乳中获得。无菌剖宫产术获得的仔猪，其体液内γ球蛋白及其他免疫球蛋白含量极少，其血清对抗原的抗体反应极低。无菌猪如果饲喂低分子、无抗原的饲料，则体内没有任何抗体，接触抗原后能产生较好的免疫反应，可用于免疫学研究。

2. 行为习性　猪喜好群居。如果饲养抓取得当，他们将表现温驯，也愿意接触人类。因此，在实验操作和日常护理中动作应轻柔。猪性格温驯，易于调教。篮球，保龄球和其他玩具都是猪很好的消磨时间的工具，尤其是独自圈养的猪。

猪在适宜的约束条件下进行试验研究。猪很聪明，喜干净。如果空间充裕，它们会在一个角落排泄，另一个角落休息。

饲喂时间到时，猪会兴奋，尖叫或者发出呼噜声直到饲喂才停止。采食后，他们安静下来睡觉，直到下次饲喂时间。

群养动物偶尔会发生争斗。有时会导致咬伤发生，此时必须隔离具有攻击性的个体。然而大多数情况下一旦群体中形成一个领袖，随之相遇只是猪呼噜呼噜叫或是威胁性的姿态。

3. 品种品系　因为普通猪躯体肥大，不利于实验操作和管理，同时考虑到节省饲育成本和场地，目前各国竞相培育小型猪（也称微型猪、迷你猪）用于科学研究。对于动物的成熟发育要求不高的敏感性试验，通常用青年家猪作为研究动物，因为家猪在性成熟期体重超过100kg。实验设施中常用猪有约克郡和杜洛克这两个品种的猪；对于慢性试验和成年动物代谢、生理相关研究试验时，推荐使用小型猪，比如国外的辛克莱猪、汗佛特猪、毕特曼-摩尔小型猪、吴克坦猪等品系，国内的贵州香猪、五指山小型猪等。这些品系的小型猪在性成熟时体重常低于80kg。

4. 生理数据

体温：38.3~39.9℃。

心率：60~80次/分。

呼吸频率：8~18次/分。

体重：依品种而异，成年猪，100~300kg；初生重，1.0~1.5kg。

需水量：每日体重的1%~4%。

食量：依品种而异，每日体重的1%~4%。

寿命：6~9年。

二、用途

猪和人在心血管、消化系统、免疫系统、泌尿系统、皮肤、眼球以及在解剖、生理、营养和新陈代谢等方面十分相似，故猪成为研究人类疾病的重要实验动物。大量的猪被用于实验研究工作，比如心血管研究、运动生理、营养、外科、动脉硬化症、糖尿病、移植和其他各种学科上的研究。

三、饲养繁殖

1. 抓取和保定　历史上最流行的两种猪的保定方法为V形悬吊（V-trough）和陷阱法（snare）。但不易操作，有一定的损害性，如果操作不当，可能会引起动物齿龈出血或损害动物牙齿。这些方法起初是用于农场中动物的快速保定，通常同一只动物只使用1~2次。他们对动物进行强制保定，引起动物愤怒、应激、挣扎或叫喊。V形悬吊和陷阱方法不推荐用于实验室猪的抓取与保定。

目前有很多新的保定技术可以取代老式保定技术。如帕内平托吊带保定方法。用吊床把动物固定悬挂起来。这种保定方法舒适且不论猪大小均可适用，一人即可完成保定，即使不用镇静剂，较少的工作人员也可完成血液采集、口腔给料、眼部检查、蹄部修剪、兽医检查和治疗等工作。

2. 饲养管理　天气温和的情况下，猪可以户外饲养。这种饲养方式最大的优势是成本低。户外饲养设施通常设有简易遮棚或混凝土开放棚，棚内有干燥、宽敞而自由的垫草区。由于编织绳做成的栅栏容易被成年猪破坏，因此，围栏外侧的栅栏可以是铁栏或木板栅栏。夏天凉爽通风并有遮阴处，可以用树遮阳、折叠式帐篷或者降温用的池塘（不是泥浆打滚）。水泥地面应有有效的排水系统和收集污物设施，有些设施则使用草垫（稻草、木屑），而其他的则直接圈养在水泥地面上。须具有高压冲洗水泥地面的供水设备，以便于有效地清洗猪舍。

室内猪舍设计要满足特别的需要，比如繁育、产仔和可控制环境下（温度、湿度）圈养青年猪。围栏、猪舍间的隔离和门应建造良好，材料经久耐用。通常用于圈养犬采取的遛跑也经常用于圈养的猪。地面使用坚固的水泥地或者加高上面覆有木板或金属网眼板。

剪趾是猪日常管理的必要组成。即使水泥地面圈养的动物也需要定时剪趾，避免过长导致鼓胀。蹄部保养不够会导致动物难以走路，跛行和蹄部感染。因此，需要正确保定（有时进行镇静）和专业的蹄部修剪人员。

猪可以通过耳朵打孔进行标记，但是在打斗中会损坏耳标。耳朵纹身法是标记猪永久的方法。

3. 饲料和水　猪属于杂食动物。它们对食物兴趣十足，天热、生病的情况除外。猪在竞争采食中会食用更多的食物。猪有发达的唾液腺，可分泌含量较多的唾液淀粉酶；胃肠能分泌各种消化酶，沉积脂肪的能力强，饲料利用率高。盲肠中有少量共生的有益微生物，能广泛地利用植物性、动物性和矿物质饲料。胆囊浓缩胆汁的能力很低，且胆汁量少。猪大部分时间都在取食，吃食无节制，吃的多，消化快，食谱多样化，但有择食性，能辨别口味，特别喜爱甜味。

应该提供自由饮水，最好采用自动饮水器或者碗状饮水装置供给饮水。如果需要进行临时或短期的人工喂水，应使用重的有分量的水盘，因为猪会拔除或者倾倒轻的水盘或水槽。

对于实验用猪，饲料供应商有许多特殊的配方饲料可以饲喂。实验猪的饲料量应少于其体重的2%，一些小型猪要其体重1%的饲料量。饲养中应防止猪过肥、过重，因为对于猪肥胖很难纠正。如果猪是户外饲养，饲喂量应适量增加，因为户外一般具有较大活动空间，会导致猪代谢水平提高。

4. 性别鉴定　可通过外生殖器直接鉴定。公猪可以通过阴茎来鉴定，母猪通过阴户来鉴定。在抓取未阉公猪时应特别小心，因为它们偶尔会表现出攻击行为。

5. 繁殖　雌猪具有很长的繁殖周期，通常可以延长至整年时间，除非处于怀孕期或者哺乳期。雌猪发情期表现为阴道分泌黏液，伴随肿胀，充血，外生殖器潮湿，爬跨行为。

一般来讲，发育良好的青年雌猪在12~14月龄就可以配种产仔。雌猪需饲喂良好，只有这样青年雌猪才能承担哺乳工作。育种期前7~10天增加饲喂可以提高雌猪的产卵率和产仔数。

自交配后约21天内未见雌猪发情说明雌猪可能怀孕，妊娠60~90天后通过B超检测到是否怀孕。

实验性育种猪经常让母猪在围栏中下仔，对于标准品种猪，围栏面积为2.1m×2.4m，小型猪围栏面积为1.2m×1.5m。栏杆高于猪15~20cm，围栏距墙15~20cm，以便幼猪可以在护栏内活动。护栏可以保护幼猪免被雌猪挤压导致窒息。围栏内的地面应覆盖碎稻草，刨花或者玉米穗。

新生幼猪特别怕冷，应在围栏上装额外的加热设备如加热灯，避免小猪患低体温症。

6. 繁殖性能指标

性成熟：7~9 个月。

性周期：18~24 天。

妊娠期：112~115 天。

窝产仔数：8~15 头。

离乳时间：4~6 周。

第十章 特定实验动物的一般生物学特性

第一节 羊

作为实验用动物，山羊和绵羊的数量持续增加。它们易驯服，容易抓取，饲养条件容易满足，牧场或笼都可以。自发病少，容易护理。羊是群居动物，所以最好群养。山羊比绵羊好斗，所以最好不要混养这两种动物。

一、绵羊

绵羊是反刍动物，学名是 Ovis aries。圈养种类、大小、毛的类型、有角无角不一。兰布莱绵羊、萨福克羊、牛津羊、汉普郡羊、多普郡羊和多赛特羊常见于美国。

（一）生物学特性

1. 生理习性　绵羊是群居动物。胆小，易紧张，自我防御意识差，以头羊为跟随目标躲避危险。

2. 行为习性　绵羊是紧随头羊的群居动物，胆小，无挑衅性，少有防御行为。大量时间用于吃草及反刍。如果不常见到这种现象，可能是生病的征兆。

3. 生理数据

体温：38.3~39.9℃。

心率：60~80 次/分。

呼吸频率：18~20 次/分。

体重：成体，50~150kg；新生羊，4~5kg。

食量：1~2kg/d。

需水量：1~3L/d。

寿命：8~13 年。

（二）用途

绵羊通常用于生殖及胚胎发育研究及心血管病研究。

（三）饲养繁殖

1. 抓取与固定　抓取绵羊不能抓拽其羊毛，以免引起疼痛及皮下组织的损伤。从围栏中抓羊，应使其呆在角落里并缓慢靠近，两臂张开形成可视障碍。抓取者应迅速阻断其通道并靠近，一只手托住绵羊的下颚将羊头抬起，另一只手按住其头或臀部。抓住时，通常羊为站立姿势。要使其靠近围墙并用膝盖压住羊肩。羊通常两后腿跨坐，两只手均捏持其头部。羊头维持在高位，以防气管堵塞。如是小羊，则一手环绕其腿及臀部，另一手环绕其前腿及胸。

另一保定方法是用腿顶住其背和臀部。这种方式对力量要求小，抓取人员站立于羊侧，左手在羊下巴下，拇指夹住其鼻上部位，右手握住其右前肢。同时，羊头由其右肩转向后，臀部蹲坐于后腿上。轻轻把羊放于地上，使其前腿伸直。该姿势可以有效控制羊的挣扎。

2. 饲养管理　羊饲养于户外，饲养类型为封闭或半封闭环境、动物房均可。饲养类型的选择依赖于羊的年龄及动物条件、研究目标及可利用设施。户外饲养通常要求很少。但应避免极端的热、风及雨雪。绵羊对热比对冷更敏感，不怕严寒，唯怕酷热。

室内饲养，地面应该固化，有铺垫物。地面不应过于光滑。用桶供水或自动饮水设施，多余的饮水放置于圈外，以防污染。

绵羊应该每年剪毛 1 次，晚冬或早春，用干净锋利的专用羊毛剪。

绵羊，特别是圈养者，经常跛足。所以应经常修剪其脚趾。频率为 1 次/ 3 个月较好。

羊圈及食水设施应该定期清理，应有足够的垫料以保持干燥，并且要经常更换。常用肥皂水清洁羊圈有助于预防感染。

3. 饲料和水　反刍动物由胃反刍食物至嘴，伴以唾液，重新吞咽。绵羊通常每天有数小时反刍。其消化系统能够消化高纤维性食物。所以食物中纤维及粗饲料是必须的。

绵羊为草食性动物，喜欢短草作为食物。市售有完全配方饲料，可以作为唯一食物，亦可以补充干草。成年羊每日需消耗 1 ~ 3L 水，所以水应该随时供应。应该供应盐或矿物质。

绵羊可能会因过饱而致病甚至死亡，所以食物供应应该根据其大小、年龄、生理状态及活动度计算，应该定时定量供应食物，任何变化都应该是缓慢而渐进的。

4. 性别和繁殖　雌雄易于区分。大部分羊季节性发情。通常于春天产 1 ~ 2 只羊羔，羊羔区域应该干净，温暖。发情期，母羊会阴户膨胀，休息减少，离群索居，刨地、频繁起坐。由于子宫收缩，羊水流出，羊羔通常前腿先出，头夹在腿间，生产过程持续 30 ~ 45 分钟，双胞胎可能会各占 10 ~ 20 分钟。

5. 繁殖性能指标

性成熟：5~7 个月。

性周期：16~17 天。

妊娠期：144~151 天。

窝产仔数：1~3 只。

离乳时间：8~12 周。

二、山羊

山羊与绵羊一样为反刍动物。家养山羊其个体大小，毛发类型，颜色，头型及耳朵形状，有角无角都变化很大。美国最多见的山羊为吐根堡山羊，萨能奶山羊，努比亚羊，法国阿尔卑羊。山羊常用于胎盘和胚胎手术，眼科手术及生产抗体。

（1）生物学特性

1. 行为习性　山羊是活跃的、好奇的动物。由于本性好奇，所以破坏力比绵羊大。在跳跃及攀岩方面非常敏捷。如果经常与其相处，他们容易变得驯服与合群。除了成熟的雄性个体，山羊通常容易抓取。其头部有难闻味道的腺体，用来标记领地。公羊常向自己身体撒尿。所以研究时建议使用母羊或阉割过的公羊。山羊大量时间用于吃草及反刍。如果不常见到这种现象，可能是生病的征兆。

2. 生理数据

体温：38.5~39.7℃。

心率：60~80 次/分。

呼吸频率：18~20 次/分。

体重：成年羊，50~150kg；新生体重，4~5kg。

食量：每日 1%~4%体重。

需水量：每日 1.5~4L。

寿命：8~13 年。

（二）饲养繁殖

1. 抓取与固定　山羊与绵羊捉取方式一致，但通常不会太大或富有攻击性而逃脱，如果用角攻击，那么抓住其角根部，以防弄断。然而，推荐使用去角的或无角山羊。幼羊与绵羊羊羔抓取方式一样。注意成年公山羊，他们难以捉摸，特别是在发情期。

2. 饲养管理　饲养条件与绵羊一致，但因其跳跃能力强，围栏高度应超过 1.2m。

3. 饲料和水　山羊消化系统与绵羊相似，饲料与绵羊相同。但不像绵羊容易过食，因此，一旦过食，容易引起严重疾病甚至死亡。山羊喜欢吃高处的食物，通常拒绝吃剩食或带泥土的、脏的食物和水。

4. 性别鉴定和繁殖　母羊发情期容易判定。她们在此期间会出现休息减少，摇尾，不停咩咩叫、阴户膨胀，颜色变红，甚至有些下垂等现象。

公羊的味腺变暗变厚，羊角稍后，两角之间的毛发发亮。麻醉后，可以取掉其味腺。

山羊脖子两边可能会出现非功能性的下垂，雌雄均可出现。成为受伤或感染的源头，但容易手术去除。

5. 繁殖性能指标

性成熟：4~5 个月。

性周期：18~22 天。

孕期：144~151 天。

产仔数：每胎 2 只。

离乳时间：12~16 周。

第二节　雪　　貂

雪貂（欧洲雪貂）是鼬类食肉动物，也就说，它跟水獭、黄鼠狼和水貂同属于鼬类家族。

一、用途

在实验室里，雪貂可用于研究病毒性病理学和免疫学疾病如狂犬病、人流感、疱疹性口炎等。雪貂还可被用于牙科和实验畸形学（出生缺陷）的研究。它在安全检测药物和化学试剂中非常有用，是药理学研究中猫的最佳替代选择。

二、饲养繁殖

1. 抓取和保定　抓取雪貂应该谨慎，以免被它咬伤。尽管处于哺乳阶段的雌性雪貂极具攻击性，但在适应新环境后，雪貂通常还是很容易被抓取的。

抓取成年雪貂时，用一只手抓住它的前腿，另一只手抓住它的后腿。还可用一只手抓住动物的肩膀，拇指和示指捏住它的脖子，其余的手指在前腿后面抓住胸部。还可用手抓住它脖子后面松弛的皮肤。用这种方法抓取，动物将很放松，并且可以做像剪指甲盖这样简单的事情。如果动物感到痛苦或愤怒，有时会从肛门一侧的臭腺散发出（不是喷射）一种难闻的气味。

2. 饲养管理　在实验室里，只要笼具板条间距窄，笼门紧闭，雪貂可饲养在猫或兔笼里。盛满食物的漏斗顶部若无盖是不符合要求的，因为当漏斗空的时候雪貂很容易爬出来。木片来做垫料非常经济。雪貂喜欢在巢盒中睡觉。

3. 饲料　雪貂是肉食性动物，如有可能，实验室雪貂的饲料应该选择商品化雪貂食料。

4. 性别鉴定和繁殖　雄性雪貂，重 1.35~2.7kg，雌性雪貂，重 0.45~0.9kg。造成这个差距的原因一部分是个体差异；一部分由于体重的季节性改变，繁殖季节动物体重减轻，秋季体重增加。如一只雄性雪貂一月份重 0.7kg，七月底可能只有 1.8kg。

雌性动物在发情期体重开始快速下降。幼年雄性雪貂的睾丸小而结实，成年雄性雪貂的睾丸长而柔软。雄性雪貂腹部的阴茎同犬的相似。睾丸和肛门离得非常近。雌性雪貂的阴道在发情期通常会保持膨胀状态（轻微的突出），外表褶皱。雪貂与兔子和猫一样，均是诱导排卵。

第三节 两栖动物

一、生物学特性

1. 生理特性 两栖类是无鳞，皮肤光滑、冷血的脊椎动物，大部分是水生或生活在潮湿的环境中。所有两栖类动物的生命始于水中，用鳃呼吸。虽然有些终生有鳃，但大部分两栖类成体用肺呼吸。这些动物在水中和陆上生活的时间因其物种的不同而异。

2. 行为习性 两栖类皮肤更具透气性，所以对水中的毒性物质更加敏感，特别是没有生活在潮湿环境中或者在这种环境中生活时间短的动物。对其他脊椎动物来说，温度变化并不是导致其嗜睡或食欲减少等行为改变甚至致病的极端情况的原因，但两栖类动物在某一时间会对温度的迅速变化相当敏感，哪怕只有 1℃。

只为两栖类动物提供所需的食物是不够的。如果抓取动物频率过高或对动物干扰过多，它们可能会停止进食，直至饿死。动物进食行为开始和保持说明两栖类适应了新环境。

许多两栖类动物会同类相食。大蝌蚪吃小蝌蚪，大的成体会吃蝌蚪或小的成体。幼体之间的同类相食的原因主要是空间过度拥挤。所以，养殖场的低密度及充足的食物有助于减少或消除这种同类相食的行为。

二、用途

实验室常用的两栖动物有蛙、蟾蜍和蝾螈。相当多种类的蛙、蟾蜍和蝾螈能适应实验室环境并且被深入研究过。许多特定的物种被广泛应用于遗传、生理、神经和内分泌等方面研究，例如牛蛙、豹蛙、非洲爪蟾等。

三、饲养繁殖

1. 抓取与保定 两栖类的皮肤与鱼相似。赤手直接抓会导致动物皮肤受损，从而引发动物感染。除非必要的情况下，蛙和蝾螈禁止赤手捉持。如确有必要，应戴上湿的手套去捉。两栖类对捉持很不适应。一旦被捉持，它们会挣扎，由于其皮肤黏滑，很难被捉住。

抓取蛙时，将蛙头朝向捉持者的手腕，示指放在其腿间，使其骑在示指上。如果用网的话，蝾螈可能会受伤，所以捉持蝾螈应该用双手。和其他热带蛙类一样，海岸蟾蜍可从皮肤腺分泌毒性物质，当捉持此类动物时，技术人员应该带保护性手套。两栖类应该被温和而小心的捉持，以免伤到其皮肤和鳃等。大部分两栖类能耐受温和的捉持，但会有应激反应。

新来个体应该与原有个体分开养殖。进行日常观察，减少干扰。应该用去氯化的水仔细冲洗，以去除排泄物。

2. 饲养管理　两栖类动物皮肤薄而透气，对毒物及细菌较敏感，所以保持清洁。与其他变化一样，常换水会导致动物因应激而受伤，尤其蛙类在此环境下会逃跑，所以建议饲养时，动物密度要小，这样不仅减缓了排泄物和细菌的堆积，也降低换水次数。饲喂几小时后，要冲洗水缸内残留食物及细菌。

每个水缸内蛙的饲养量，以其全部在水中时或全部不在水中时，不出现动物重叠为标准。

不同种及处于不同生命周期阶段的两栖类动物，环境要求不同。但不论何时，有毒物质都应该被排除或控制在一定水平。水的硬度应该小于 250ppm，二氧化碳含量应该低于 5mg/L，pH 应该在 6.5~8.5 之间。新水的水温应该与旧水水温一致。

对牛蛙和豹蛙来说，会在水下呆很长时间。氯的投入量因季节和地域的差异而不同，低氯（4mg/L）水可以抑制细菌滋生，但氯量过大会导致两栖类动物中毒死亡。因此，将动物放入新氯水中时，应检测氯水平，可以使氯水在开口容器中放置 24 小时以上以使氯散发，也可以向水中添加硫代硫酸钠以除去水中的氯。有些水的供应商会在水中放氯胺，由于氯胺在 24 小时之内无法去除，因此用前要检测氯胺。

氧由气液界面进入水中，水中氧的含量必须维持在一定水平，水的表面积应足够大，所以开口大的水槽会比小口水槽好得多。水表面也是二氧化碳散发的地方，所以表面积大有助于二氧化碳散发。此外，使用加氧机调控水中氧的含量也是一个很好的选择。

对新孵出的蝌蚪来说，最好适当通风，以免动物在对抗水流时耗能过多。新孵出的蝌蚪数量应该在 50 条/每升水，正在变态的蝌蚪应该为 5 条/每升水。

两栖类动物在其自然环境中能耐受很大的温度变化。大部分两栖类成体在实验室生活的温度介于 20~25℃之间，但稍低于此温度更有助于其生活。

温度骤变对小蝌蚪、卵及胚胎来说极其有害。低温会影响蝌蚪早期的变态，高温则会导致变态加快发生，但对成体个体的影响可能会小。

关于两栖类动物的光需求，知之不多。建议使用正常光照。比如非洲爪蟾视觉细胞的发育需要 14：10 明暗光循环进行照明。

3. 饲料和水　两栖类动物幼虫通常为杂食性，大部分食用海藻类或其他软的蔬菜类物质。豢养两栖类动物幼虫可以食用煮过的莴苣或罐头装菠菜。非洲爪蟾的蝌蚪可以喂地豆。应避免过度饲喂，饲喂后应及时冲洗食物残渣以免污染水体。

成年期的两栖类动物为肉食性，大多用昆虫喂养。陆生成体捕获活动昆虫并以此来建立喂食反应刺激。因此，大多需饲喂活的昆虫。注意由于其他活动会分散动物的注意力，因此喂食应小心谨慎，应在其视觉范围内进行饲喂，以免干扰动物捕食反应的建立。

虽然许多两栖类能耐受稍冷的环境，但低于一定温度，动物会停止进食。如房间温度低，应缓慢升高房内温度后再进行喂食。由于实验饲养昆虫比野外捕捉昆虫更加干净，因此，在饲喂昆虫时，应喂食实验饲养昆虫。蟋蟀是常用的饲喂昆虫，因其易饲养且可以对其粘附维生素粉末以增加所饲养两栖类动物的营养。此外，粉虱也是一种很好的饲料。

饲喂数量及频率随物种及个体大小而异。饲喂通常应一周 1~3 次，饱食的动物会健康且生长良好，但应避免过度饲喂。

所有蝾螈都为水生性，甚至包括有些成体。另外，有时陆栖的蝾螈有着水栖生物的形态，终生有鳃，这种现象叫做幼态持续，是蝾螈中一种常见现象。

水栖成体、幼体和幼态持续的蝾螈都以水生非脊椎动物和鱼为食，水生非脊椎动物有等足类动物或甲壳纲动物等。但豢养两栖类动物，则以鳃足虫饲喂。活体猎物更容易被两栖类动物接受。许多水生蝾螈经过驯化后可以摄食冷冻的肉食。冷冻肉食比活的动物更好，因为能降低寄生虫风险。

蝾螈和蟾蜍捕食蟋蟀、地虫、昆虫幼虫及其他不飞行的成年昆虫。虎蝾螈及许多普通的北美蟾蜍只捕食蟋蟀。所以用沾了维生素粉末的蟋蟀是最好的饲料。活的新生鼠及小鱼也可以饲喂大的蝾螈物种。

蛙吃各种活体昆虫，如蟋蟀、蠕虫和蛞蝓。但它们更愿捕食飞行昆虫。大的物种，如豹蛙和牛蛙，食量大，饲喂活体昆虫是不够的。可以饲喂活体的小鼠、新生鼠、小龙虾或者小活鱼。爪蟾不一定吃活体动物，所以可以选用市售的配方饲料饲喂。

有时，两栖类也可以强饲，但抓取可能会伤害到动物。如果必须强饲，需温和抓取动物，用手指轻轻张开动物嘴巴，将食物轻推入动物嘴的后部。注意强饲方式很难维持，因此并不推荐。

4. 性别鉴定与繁殖　大部分两栖类不是实验室繁育的，而是由野外抓取或者由供应商繁育。

两栖类动物种类不同，其性特征不同。通常，两栖类动物性别鉴定的唯一途径是观察其求偶期的行为。求偶期雄性的声囊显著。牛蛙的外鼓膜位于眼睛后面，雌性鼓膜直径与眼球相当，雄性鼓膜约两倍于眼球。雄性拇指垫很厚。非洲爪蟾有一个大腹鳍，并且雌性身体比雄性大很多。雄性爪蟾前肢内侧为黑色，发情期脚趾变大。

第四节　鸟　类

鸟类属于鸟纲动物，实验所用鸟的种类繁多，有 27 种之多。生物医学使用的鸟禽类，大多隶属于四个目：分别为鸡形目，主要包括鸡、火鸡和鹌鹑等；鸽形目，主要包括鸽、斑鸠和沙鸡等；雀形目，主要包括乌鸦和麻雀等；鹦形目，主要包括鹦鹉等。

一、行为习性

鸟易惊恐，闪烁光照、异常声响常会导致鸟类尖叫及其他身体反应。群养鸟具有啄序规矩或称等级制度，等级高的动物有进食优先权。如动物表现出食物剥夺和身体创伤，特别在繁育阶段，应立即隔离并单笼饲养。

对鸡形目来说，剪去喙的尖端有助于减少同类相食或打斗行为。为控制鸟类飞行，可以剪掉一只翅尖，剪翅手术最好在鸡幼年的时候进行。可剪掉一只翅膀前十个主要的飞行羽毛。由于鸟脚爪和足刺具有攻击性，因此应定期修剪。

二、用途

鸟类用作实验动物以研究神经生物学、内分泌学、营养学、行为学、胚胎学和微生物学等。大部分研究用鸟类都是豢养的家禽，故家禽的饲养标准及饲料都是可用的。

三、饲养繁殖

1. 抓取与保定　与其他普通的实验动物相比，鸟类在解剖、生理和行为上均有差异，因此，抓取者应该认识到鸟类脆弱的本质，抓取鸟类时采用特殊技巧。鸟类呼吸系统及散热系统易受损，抓取不当会造成动物的意外损伤及死亡。

由于鸟类易受惊吓，工作人员需保持安静并动作轻柔。研究者和实验动物技术人员应缓慢接近鸟类，对笼舍的操作也应缓慢小心。室内光照应暗，技术人员应该缓慢移动以便动物让路。首次成功的抓取鸟类可以减少其应激。

放鸟时，抓取者把鸟放于笼子的地板上后松手。飞行笼里的小鸟放飞时，周围最好无遮挡物，以使动物迅速飞走，可在位于或稍低于栖息杆的高度放飞动物。禁止直接把动物抛向空中，因为动物可能还没准备好或还不能飞行。

（1）鸡形目（鸡、火鸡、鹌鹑）：鸡形目易捕捉，不像其他鸟类那样脆弱，但鹌鹑除外。这些鸟通常很温顺，但会啄人、抓人，从而导致抓取人员受伤。抓取时，保定其翅膀，双手将其翅膀向后收拢，另一手捉住其腿。

鸡的抓取方法有很多。抓取鸡时，可以一只手抓住鸡腿，另一手抓住翅膀并以胳膊按向其背。另一方法是让鸡背躺于桌面或侧躺，用带子保定其爪。用布将鸡头蒙住，鸡会安静下来。

虽然火鸡比鸡强壮，但相对易捕捉。体型大的火鸡翅膀可能会对抓取人员造成伤害。抓取小火鸡的方法与捉鸡的方式相同，但由于其较重，所以不应该抓着腿转运。抓取时，一只手将火鸡双翅交叉于背部，另一手捉持腿部并支持其体重。用抓持翅膀的两个手指轻轻捏住火鸡的脖子固定其头部。

（2）鸽形目和雀形目：鸽形目和雀形目比鸡形目更小，行动更迅速，更难以安全抓取。抓取时可以用网，但小笼中的鸟类仍推荐手工抓取。一旦捉到，迅速从网中取出，以免其受伤。

体型大的鸽子转运方式与鸡相同。保定小型鸟类可以单手握持，以拇指、示指及中指圈成三角，固定其头部，避免其乱啄及挣扎，并以无名指、小指将鸟的身躯环握在掌中。

但注意应避免脖子弯曲致使其缺氧窒息。

（3）鹦形目：鹦形目动物并不常用，部分原因是因为价格昂贵，饲料复杂。鹦鹉的捉持方式与其他小型鸟类相同，但由于其啄咬的习惯，所以不易捉持，抓取时要注意保定其头部。捉持者可以戴手套，但对于大型鸟类比如金刚鹦鹉，手套的保护效果有限。可以用布遮住鸟的头部进行捉持。小型禽类如虎皮鹦鹉，可以像其他小型鸟类一样捉持、保定、检查、麻醉或采用特殊装置进行称重。

2. 饲养管理　接收动物后，动物技术人员应立即检查运输笼，隔离有病及受伤的鸟。由于病鸟大多携带潜在的人兽共患病，因此病鸟应小心照料，根据鸟类种属及来源隔离检疫并进行 2~4 周的驯化。在此期间，进行血清检查、体表和体内寄生虫的检查、细菌培养实验等。

实验鸟类笼舍应具有适宜的物理环境。笼具空间要足够大，供动物自由活动及社会活动。设置栖息杆，栖息杆长度尽量与动物自然栖息的杆木一致，动物的爪能得到训练。避免食物和水的污染。饲养的动物避免与外来的野生鸟类及啮齿类动物接触。

温度、湿度、通风和空气过滤应该悉心控制。因为鸟类对温度变化非常敏感，通风设施非常重要。如果环境温度升高，通风量应该增加，相对湿度应该在 45%与 70%之间。

依据鸟类的种类及饲养需要，室内笼具的地板通常用砂子、碎石或刨花覆盖。笼具底四周应放置用一圈低的树脂玻璃，以存放垃圾。鸡形目鸟类，例如鸡、火鸡和鹌鹑，可以用这种方式圈养。垫料需要经常定期清理。饲料及栖息盒、水、栖息杆应按照物种需求及饲养机构的能力进行供给。禽类商业化的饲养提供了多种更易消毒的自动饲喂及饮水系统，动物可以自由的摄食摄水，但要避免因栖息或踩踏污染水源。

光照时间的长短及类型对鸟类繁殖非常重要。由于冷白日光色荧光灯更接近自然光，鸟类房舍设施中应使用特殊的宽光谱荧光灯及白炽灯。

笼舍设计应具有可变性，以适应各类鸟的不同需求。不同种属、不同年龄鸟类的混合饲养会导致争斗和疾病的发生。可以设置视觉屏障或篱笆来减少动物间的争斗。

幼鸟需外部热源以防止发抖及体温过低，可以使用育雏器饲养小鸟直至其长出羽毛。

3. 饲料和水　根据人们熟知的鸡的营养需求，可以选择商业性饲料进行饲喂。

非家养禽类的营养需求在很大程度上是不为人所知。人们对鸽子的饲喂要求并不像鸡形目那样清楚，可以选用特定种子混合物进行饲喂，同时现在有很多商业性饲喂鸽的饲料。

雀形目种属超过 4800 个，因此营养需求也是多种多样。这里讨论实验室常用吃种子的种属，如麻雀和金丝雀。饲喂雀形目可以选用混合种子，最重要的是小米，其他食物应新鲜供应并单独饲喂。按照种属不同，配方也不同，但一般要含有蔬菜、水果、青草、煎蛋黄、维生素、面包及活昆虫。

饲喂种子的鹦形目包括鹦鹉、金刚鹦鹉及虎皮鹦鹉。饲喂食物因种属不同而异，通常包括葵花籽、花生、猴饼干、红花种子、金丝雀草的种子、小米和犬尾草种子。可以饲喂新鲜水果和蔬菜，煮熟的鸡蛋黄及混合干果进行补充。

沙砾是各种鸟类饲料组分中的必备成分。因鸟类无牙，需用喙撬开植物种子，吞下的种子需借助砂石在胃里磨碎以消化。砂石和种子在胃肠道的砂囊里搅拌，帮助鸟类进行消化。小型鸟类可以使用大型鸟类排出的砂石。如对砂石的选择不熟悉，可提供不同类型的小石子供鸟类选用。

依据动物种属、温度、湿度、食物含盐量及含水量不同，水的供给会有不同。有些鸟类需要供水以便洗澡。水栖性鸟类会弄脏水，带来饲养及疾病问题。

4. 性别鉴定　雌雄禽类体型大小，羽毛形状，色彩差异很大，这种差异被称为性的二态性。这些特征有助于育种禽类雌雄的挑选。对于一些雌雄差异不大的禽类，需要进行性器官的外科剖检手术才能判断其性别。

（1）雌性：大部分鸟只有左侧输卵管及左侧卵巢是有功能的。禽类的初始卵细胞比其他动物的所有单个细胞都大。右侧输卵管及卵巢仅为一个基本形式，他的功能最终会退化。从功能角度及组织学表现来看，鸟类输卵管有五个部分：

1）漏斗部（喇叭部）：由漏斗或称毛伞构成，以接纳卵子和精卵受精。

2）膨大部（蛋白分泌部）：输卵管中最长的一部分，分泌白蛋白。

3）峡部（管腰部）：形成蛋壳膜，雄雌原核融合。

4）壳腺（子宫部）：形成蛋壳、蛋壳颜色、壳上胶护膜。

5）阴道部：贮存精子，蛋的产出。

（2）雄性：鸟的睾丸不下降至阴囊而是位于肾脏附近。与哺乳动物不同，鸟没有附属性腺。

第五节　马

马有时可作为实验动物进行研究。马大体上分为矮种马、轻骑马或驮马。

一、行为习性

马群有等级制度，一般情况下，年长的雌马会统领马群，繁殖期间则由雄马统领。

通常可以通过马的头部活动、耳朵的位置和眼睛的表情来观察马的情绪。对训练员来说，挠蹄子、持续的身体运动、头转动、眼神恐惧、耳朵背靠着头或尝试着去咬都是危险信号。

马是社会性动物。他们会找寻其他的马或其他熟悉的畜棚动物作为同伴，如山羊。马通常无攻击性且容易受惊吓。马通常会在实施攻击行为之前逃离潜在危险。但在受到威胁时，会自行防卫并发出攻击。

在天气适宜的条件下，马会进行食草活动。马在熟悉的居住环境里会很放松，通常会翘起一条后腿，用另一条腿承受体重。马通常站着打盹或睡觉。

二、用途

在实验室中，马通常作为获取特殊血清、抗血清和抗毒素血清的血资源。

三、饲养繁殖

1. 训练与保定　因为马的体型大、力量大、灵活性强，具有潜在的危险性，单纯用强大的力量很难将他们固定住。因此，大多数马从幼年期就接受人的指挥和声音控制的训练。训练马的操作员应声音温和，动作自信镇定。由于马只能在倾斜45°时才可看到他的前方，因而训练员须让马及时看到他的存在以免马发生任何惊吓。训马时，通常站在马的左侧，距离马肩膀呈45°角的安全地带。与马的身体接触可以增进马对训练员的信任感，并给训练员突然行动的信号。缰绳通常是约束马进行良好训练所必须的。

对于日常训练，马喜欢熟悉的环境。训练时，将马牵到墙的附近，训练员面向墙壁站于墙的中心处。为确保安全，训练员用短绳勒住马肩，将肘靠于马脖子边上。将马引退于墙角以防它继续倒走。当技术员操作时，训练员应与他站于马的同侧，以防被马转身踢伤。

如绳子很长，绳子应被拴的高一点，以免绳子缠绕马腿及马的脑袋，也可将马交叉系在树桩或树干上。

为防止马移动或被踢伤，可将马前腿中一条腿抬起来，由于马不可能同时抬起另一条腿，因此，这种方法非常有效。

2. 饲养管理　马的房舍条件和环境同其他大型动物的相似。马的供水设备和饲喂容器的安装应高度适宜，以防污染，饲喂容器应避免尖端或突起，以防动物受伤。铁丝围栏高应约为1.37米，可在马围栏内饲喂稻草和刮擦物，且需经常更换垫料。

3. 饲料和水　马是非反刍性食草动物，它们的消化系统适应少食多餐的饲喂方式。马的食量取决于其大小、年龄、运动量和实验用途。除恶劣的天气需饲喂精饲料外，一般情况下，成年的马可以只食用青草和干草就可以常年保持良好的状态。

第六节　牛

牛是反刍动物。用于实验的有肉牛和奶牛两个主要类型。肉牛生长迅速，产肉多；奶牛出产高产量的牛奶。

一、行为习性

牛喜静，爱群居，倾向于跟着它们的领导者。由于牛群居性非常强，因此离群牛将紧张恐慌。操作员动作轻柔与牛频繁互动会增加牛对操作员的信任感。牛尽管本性温顺，但性情易怒，体型硕大强壮，有时可能会造成严重损伤。跟其他反刍动物一样，牛会长时间进行反刍。

二、用途

在生物医学研究领域，牛被用于牛科动物健康研究、毒理学和心血管研究尤其人工心脏和强心剂的研发过程中。奶牛也被用在奶制品对放射反映物摄取研究中。

三、饲养繁殖

1. 抓取和保定　将幼年牛放倒在地最好的方法叫侧翼。抓取时，操作员一只手从侧面抓住牛颈下，另一只手穿过背部抓住它倒地的侧翼的反面。也可抓住它的一条后腿和一条前腿，或者一条前腿和侧翼。轻弯膝盖，操作员轻抬小牛，使其沿着操作员的腿部滑向地面。然后将膝盖靠在牛脖子上进行保定，如果必要的话，可将其前腿弯曲。

通常肉牛能够从头到尾被限制在V形斜槽里，因此，许多操作都能通过这种保定方法完成。对于需动物完全静止不动的个别操作，则可使用具有头尾门的保定栏，保定栏的滑板或木条可以移动移除，以便动物可以方便进出。

保定较大动物，需使用适宜的保定设备，如保定栏。

2. 饲养管理　牛的房舍条件与绵羊、山羊的要求相似。室内牛非常适应自动供水设备，当牛用鼻子压杆时即可喷水。饲养于牧场的牛，应为其搭建遮蔽物以便防晒防寒。室内饲养牛则需建造铺有稻草和刨花垫料的小隔间。应每天更换垫料。

3. 饲料和水　同其他反刍动物一样，饲喂草和粗粮即可使牛茁壮成长。在农场，通常饲喂一种谷物和粗粮的发酵混合料，青贮饲料。牛的营养需求与绵羊、山羊相似。牛饮水量为40~60L/d，每天需提供大量的新鲜饮水，与绵羊一样，饲喂时应添加矿物盐。

第七节　爬行动物

一、行为习性

爬行动物是变温脊椎动物，以肺呼吸。它们长有干燥的鳞状皮肤或甲，包括乌龟和海龟，鳄鱼和短吻鳄，蛇和蜥蜴等。

实验用的大多数爬行类动物是野生型的。它们的适应能力有限，它们的成功捕捉取决于饲养员对它们自然栖息场所的模拟能力。

通常情况下，这些物种最好单独饲养。最低限度的保存每个物种的数目有助于减少其对食物和隐藏地点的竞争。

大多数白天活动的爬行类动物喜欢晒太阳。离水池大约1m的墙头放一个太阳灯，可提供足够的热量。光照周期应该与该物种的需要相一致。实验动物技术人员应该知道每一物种生活的温度范围，笼内温度应该仔细的、频繁的核查。

所有的爬行动物都需要周期性的蜕皮。如何完整的蜕皮和蜕皮的频率是爬行类动物健康的标志。蜕皮频繁说明此动物正在健康的茁壮成长。疾病或湿度欠佳可能会引起爬行动物不能完整蜕皮甚至不蜕皮。

二、用途

爬行类与标准的实验动物有明显差异。研究领域几乎没有“实验爬行动物”的定义。这些物种的使用随调查者的研究需要而改变。通常爬行动物可用于解剖和比较生理学研究。动物到达实验设施前，动物管理人员必须了解动物的需求。

三、饲养繁殖

1. 抓取和保定　抓取爬行类动作应轻柔、平稳、快速，迟疑、不平稳的动作会激惹它们反咬一口。如反复抓取且动作轻柔，大多数爬行类动物攻击性就会减弱，有些甚至会变得很平和。

捕捉时，可以铲起其身体，无需保定约束。出于实验目的，要进行头部保定时，爬行类动物的身体和腿应放置舒服，以防止身体和尾巴随意摆动造成伤害。实验人员可用另一只手固定或请助手帮忙缚住动物的头。

钩子是将蛇放入容器或干净的笼里的有效工具。

尽量少抓取毒蛇。毒蛇或蜥蜴笼应用显眼的颜色标记“有毒”或“危险”。此外，笼子应该锁上。与这些动物接触时应接受专门训练。

抓取体型大的蜥蜴时，一只手在它的头后部抓住它，把它们的前腿别到身体后面，另一只手抓住后边的腿别到尾巴上，避免只靠尾巴来保定蜥蜴，抓取它们时应戴厚手套。

2. 饲养管理　饲养管理条件应与爬行动物自然环境相符，任何抓取不当、温湿度及光照欠佳、过度拥挤、潮湿或卫生条件差和缺乏隐藏地点都会引起动物应激。爬行动物适应饲养环境需要几天或几周的时间，而处于应激状态的动物会出现绝食死亡的现象。实验技术员的目的是建立和保持喂养行为。光照应与爬行类动物的自然生理节奏相关，推荐使用市场上的宽谱荧光灯作为光源。

爬行动物是变温动物，体内缺乏产热系统，所以它们的体温随环境温度变化而变化。大多数动物，尤其是蛇，应提供持续适宜的环境温度；而其他物种，如海龟和蜥蜴，体温变化是动物饲喂管理的重要因素，对于这种动物，最佳方法是建立适宜的笼舍条件，供爬行动物体通过温度梯度来调节体温。也就是说在笼子里有一个温度范围，即笼子里可以放置热源（通常在笼舍一端安装 1 个灯泡），另一端安置遮蔽物或隐藏箱来遮光。动物进笼前，应在笼里安装光照系统和温度监测仪。

爬行动物的笼舍系统须符合密闭笼盒的环境卫生要求和野生动物的行为要求。对所有爬行动物来说，隐藏地非常重要。可用树枝、石头、伐木、人工植物和水容器模拟动物的生活环境来满足动物的正常隐藏行为。注意保持设施清洁卫生以免细菌、真菌、原虫和病毒性疾病的发生，应定期清洗和高压消毒。

宠物店出售的玻璃缸是饲养爬行动物的理想容器，顶部加盖盖紧。笼具内最重要的是考虑温度的调节。饲养蛇空间的最低标准要求是每米动物的长度需1平方米空间面积。

爬行动物的笼舍或玻璃缸应及时清理动物排泄物、蜕皮和残食，因此需及时更换动物垫纸。笼具地板上可铺5~10cm厚的沙子或土壤供爬行类动物需要，天然的碎石或与土或沙子相混合后也可以使用，但应及时的更换或清洁。

大多数爬行动物进食2~3天后排便。应定期更换笼具，更换时间依据排便时间而定，但不应在摄食两天之内。

水管应装在地表或其他可接近的地方供动物饮水。如果容器足够大，许多爬行类动物会浸泡在容器里。日常喷水对许多动物是有益的，如果笼子通风，水分可以蒸发。

3. 饲料和水　蛇是严格的肉食动物。蛇脑壳柔软，颚部和头骨独特有力，可以整个吞咽捕获物，即使猎物比蛇头大也可整个吞下。

爬行类动物尤其是蛇，只吃活物。但是，有些动物习惯进食死的动物，尤其是野外捕获的猎物，在饲喂前，应冰冻保存以防引起寄生虫感染。饲喂前需将食物解冻，只有环境和食物足够温暖才能促进爬行类动物进食和消化。为降低干扰，最好将食物放好后离开；饲喂活体动物时，应观察并保持不动直到蛇袭击和猎杀活体动物后再离开。由于活体啮齿类动物可能袭击蛇，因此不应在无人照管下将其和蛇放一起。

蜥蜴饲喂不当或维生素缺乏会致病。因此，蜥蜴饲喂食物应种类多样，每周应补充维生素或矿物粉1~2次。如果蜥蜴因矿物粉味道而停止摄食，可以将矿物粉混入食物或溶解到水中进行饲喂。

大部分蜥蜴的体温随环境变化而变化，以虫类为食。它们需要达到高体温以便获得足够的活动能力来捕获食物。

蜥蜴通常1周饲喂2~3次，吃多少喂多少可以保持动物体重适中和正常生长。小型动物，越活跃摄食越多，大型动物可能因过多的饮食而变得肥胖。

体型大的蜥蜴通常为肉食动物，以瘦肉、生鸡蛋、合适大小的啮齿类、雏鸡和鱼为食，无需活体。

海龟包括水生、两栖或陆生三种。大体上，水生和两栖的淡水龟都以肉为食，但不一定是活体动物。通常它们的食物为肉、鱼和小动物；有些通过吃绿色蔬菜来补充营养。这些海龟须在水里饲喂以保证它们吞咽时沉入水里；饲喂无骨肉时，钙的补充是必要的。应该在海龟进食几个小时后再清理池塘。

陆生海龟有素食和杂食两种。由于低脂犬饲料营养丰富、钙磷比例恰当，因此，低脂犬饲料是红色肉类最佳替代品。

第八节　鱼

随着对鱼类的了解，越来越多的水生脊椎动物被用作生物化学研究模型。鱼类水生习惯多样，因此饲养方法多样。因此，实验室技术员应仔细研究设施内各物种的饲养要求。

鱼类种属不仅在形态上有巨大的多样性，在生理上也存在很大差异。鱼类筑巢材料多样，从沙子、碎石和岩石到植被物质、肾脏分泌物、黏液茧和黏液包被的气泡，它们都会选用。它们有多种产卵的方式，数量从两三个到百万个，有些甚至直接生产幼仔。

一、行为习性

紧张和疾病都会使鱼发生改变。因此，实验动物技术员应注意观察鱼是否出现拒食、异常姿势、古怪行为、在水面上大口喘气、在池子里刮擦物体、跳出水面和精神萎靡等现象。有些鱼类会保护自己的领域，在此领域里，拥挤常会引起更大的攻击行为、紧张压力或对其他鱼类造成伤害。

鱼类好奇且爱动。鱼类的繁殖和喂食会引起行为改变。有些物种常会发生种内和种间的斗争，应该把具有攻击性的物种分离出去，将对环境需求相似的物种集体饲养。

二、用途

鱼类可用来研究温度和电解质调节、内分泌学、细菌性疾病、行为学、遗传学和水污染等。虹鳟鱼可作为肝癌模型，卵生热带鱼用来研究黑素瘤，金鱼用在神经学和眼科学。鱼类种类多达20000种，这些只是鱼类用于生物科学研究很少的一部分。

鳄鱼、鲶鱼和大量热带鱼应用在生物科学研究中，且都为世界各地的野生鱼。实验鱼的选择标准包括其实用性、存活率及背景或大量已知的基本信息。

三、饲养繁殖

1. 抓取和保定　野生捕捉鱼的鱼鳃应无泥、无伤，保护性的黏液不被破坏。大多数鱼不能长时间置于水外，除非有特殊的研究设备以保持其身体和鳃潮湿。

运输鱼时的水温、pH、氧水平不应与原生存环境差异太大。如短途转运，可用塑料袋或泡沫盒子；如转运时间超过3小时，则需提供水下供氧系统。麻醉剂和化学镇静剂可用在鱼的长距离运输过程中。

2. 饲养管理　鱼可在很多容器里饲养。相对较小房间内最常用的是玻璃缸，纤维玻璃和塑料容器常被用于大的建筑物里。饲养鱼的理想系统应易清洁或可以自净，并且可以控制供水成分和流速。这些系统应廉价、抗腐蚀，并提供适宜的温度和足够的氧气。不同特性的鱼应使用不同的容器，如有些鱼需要持续的游泳，那么最好选用圆形形容器来饲养这类鱼；对于喜在鱼缸底部的鱼类，应选择底部面积大的容器；有些鱼需氧量高，饲养容器应选择表面积大，而不是深的容器。

水的化学和物理特征是饲养健康鱼类的重要因素。不同物种对水有一定要求，包含水的酸度系数、溶解氧、盐、电解质、水温范围和定量水循环。消除水中有毒物质可选用过滤和其他的物理和化学方法。例如，如果水中含有氯，可用硫代硫酸钠来处理或在用之前放置 24 小时以让氯在空气中消散。在某种水生环境里，活性炭可用于过滤系统来消除不需要的离子或其他毒素物质。卫生器具、水槽、池塘衬垫和水不应该包含或释放毒性物质。

光照对鱼类饲养非常重要。日光灯比白炽灯更适合水生类动物，因为日光灯散热少，可以控制光谱范围。应避免直接的阳光照射。

新到的物种应隔离检疫 3 周。病鱼应及时处理或进行治疗，并单独饲养。水槽应加盖，以防鱼跳出来。所有的器具、设备和水槽应定期清洁、消毒和彻底冲洗。消毒剂包括酒精或高锰酸钾。消毒之后，应放入干净的水之后再放入鱼。避免用肥皂或清洁剂清洁水生动物或水生动物设备，因为较少的肥皂就会毒害鱼类。

容器内鱼密度要适中，不应拥挤，拥挤将导致攻击行为、过度污染、臭氧释放、氨的积累和生长速度、繁殖能力及抗病能力下降。尽管每个物种有各自的种群密度，看参考以下两个标准：一是每升水里 1 克鱼，二是每 4 升水里鱼总长 2. 5cm。

大多数鱼在水里用鳃呼吸，鳃腔里有大量血管。当水通过鳃时，水里的氧通过鳃膜转运进入循环系统，同时二氧化碳从血液通过鳃膜转运到水里。水携带的氧和二氧化碳在水气交界面释放出去，这种气体交换是被动进行的。

正常情况下水里含有百万分之 8~11 的氧，水中的二氧化碳含量 会抑制氧，因此不应该超过 15%。

如果过滤良好，水可以循环使用，但需要过滤系统，经过化学和生物处理，自动清洁干净后再流回缸内。

3. 饲料　成年鱼通常每天喂 1 次。饲喂应定量，鱼持续进食不能超过十分钟。饲喂结束后，用虹吸管或勺子将剩余食物清除。几次饲喂后，仔细观察鱼的进食行为，给出它需要的正确的量以免浪费食物。幼小的正在成长的鱼 1 周喂 3 次。鱼食包括混合的面粉，鱼丸或鱼片，或新鲜食物像虾，丰年虾，其他的鱼、昆虫或蔬菜。有些物种是食肉的，靠食肉生存；有些是杂食的，可以靠各种饮食存在；还有一些是食草的，很大程度上依赖蔬菜生存。

鱼类不同品种，饮食需要差异很大。应根据每个物种的需求和饲喂量选择均衡的营养饮食和喂养方法。小鱼和处于繁殖期的成年鱼有特殊的喂养要求。

第九节　毛　丝　鼠

一、用途

毛丝鼠（毛丝鼠物种）与豚鼠属于同一家族。野生毛丝鼠颜色为烟蓝灰，它们可用于营养及中耳和内耳的研究，最近也用于老年痴呆研究，毛丝鼠是迄今为止发现可自然形成老年斑的动物。

二、饲养繁殖

1. 抓取和固定　毛丝鼠被毛光易滑，抓取时应非常小心。抓取时，当被攻击或受到惊吓时，它们会从毛囊里释放一些毛。毛脱掉以后，毛纤维丢失，并有大量的毛丛生，这种现象是由于肾上腺素释放的应激反应造成的。脱掉的被毛大概需要5个月才能重新长到原来的长度。

毛丝鼠很容易抓取，抓取毛丝鼠时，抓住其尾巴，动物向前臂相反的方向摆动稳靠在操作者的身体上。

2. 饲养管理　成年毛丝鼠，尤其雌性，极具攻击性，尤其围墙很小时，应单独饲养。但它们通常是成对饲养。毛丝鼠能被养在具有实体的或网丝笼地板的不同类型笼具里。由于网丝笼地板容易清扫，因而更适合于实验目的。

毛丝鼠喜欢洗沙浴，否则它们的毛会粗糙凌乱。将盛着漂白土和白沙的混合物放置于一个钢槽里提供尘浴对于毛丝鼠非常重要。

3. 饲料和饮水　毛丝鼠耐粗饲，其的食物以饲喂苜蓿草为好。

第十节　土　拨　鼠

一、用途

土拨鼠（实验土拨鼠）是一种啮齿类动物。近年来，越来越多的实验土拨鼠（或北美土拨鼠）被用于乙型肝炎、肥胖及能量平衡、内分泌和新陈代谢功能以及中央神经系统控制机制等研究。土拨鼠在冬天会进入冬眠期，体温会降到0.56℃。冬眠期的土拨鼠可被用于心脏、肾和其他新陈代谢功能等方面的研究。

二、饲养繁殖

1. 抓取和保定　土拨鼠，尤其是新捕获的土拨鼠，抓取时异常危险。当他们被打扰时，它们会摩擦门齿发出各种尖锐的叫声和口哨声。

抓取时，操作者应一直配戴保护性手套。抓取动作应沉稳坚定，左手固定动物的头和肩膀，右手轻轻抓住尾巴基部，抬起动物后腿，轻轻将动物从笼中取出。这种抓取方法可以避免土拨鼠突然转头咬伤操作者。

可将带着可以闭合的门的盒子放在土拨鼠的栏里。这样转运运动物时不仅简单，也减少了动物的应激反应，而且这个盒子使环境丰富化，可作为土拨鼠的隐藏地点。

2. 饲养管理　饲养成年土拨鼠的笼具与饲养猫、犬或兔子的标准铁笼子相同。笼门必须被安全的锁上，食物及饮水容器，笼具地板应夹紧以免土拨鼠推开或滑出。土拨鼠适用于各种类型的地板，但由于土拨鼠常踢踏笼具地板，因此，用铁丝或板条的活动地板做基槽更加适用。

居统治地位的雌性土拨鼠会垄断食物。因此，成群饲养效果不好，但成年雌性土拨鼠仍可成群饲养在一起。与此相反，雄性土拨鼠则须单独饲养。土拨雌鼠和雄鼠幼仔可以共同饲养过完第一个冬季，冬眠结束后立即将它们分开。对于繁殖群，应将雄性土拨鼠和雌性土拨鼠长期饲养在一起。

3. 饲料和水　土拨鼠精确的营养需求，至今尚未可知。实验室饲喂土拨鼠以绿色蔬菜为主。

第五篇

环境设施与卫生

本篇介绍主要的环境标准，如气流控制、卫生设备、人员卫生和安全等，同时介绍几种动物房常见设备的操作规程、管理措施及潜在的生物安全问题。

第十一章 实验动物设施的环境

实验动物的环境控制是实验动物标准化的主要内容之一，应从实验动物设施的建筑设计开始，直到设施环境的日常管理始终要依据有关法律、法规和标准进行。

第一节 实验动物设施分类

实验动物设施在广义上是指进行实验动物生产和从事动物实验设施的总和，在狭义上指保种、繁殖、生产、育成实验动物的场所，而将实验研究、实验检定、检验、测试等设施称为动物实验设施。实验动物的饲养设施和动物实验观察场所的要求基本一致，因为只有达到基本一致的条件，才能尽量使实验动物的生理与心理不致受到环境影响而影响实验结果。实验动物设施一般按使用功能和环境控制等进行分类。

一、按设施功能分类

根据设施功能和使用目的不同，国家标准（GB 14925-2010）将实验动物设施分为实验动物生产设施、实验动物实验设施和实验动物特殊实验设施。

1. 实验动物生产设施（breeding facility for laboratory animal）指用于实验动物生产的建筑物、设备的总和。

2. 实验动物实验设施（experiment facility for laboratory animal）指以研究、试验、教学、生物制品和药品及相关产品生产、检定等为目的而进行实验动物试验的建筑物和设备的总和。

3. 实验动物特殊实验设施（hazard experiment facility for laboratory animal）包括感染动物实验设施（动物生物安全实验室）和应用放射性物质或有害化学物质等进行动物实验的设施。

二、按微生物控制程度分类

根据设施环境的微生物控制等级，即按空气净化的控制程度，国家标准（GB 14925-2010）将实验动物设施分为普通环境、屏障环境和隔离环境（表 10-1）。

表 10-1 实验动物环境分类

环境分类		使用功能	适用动物等级
普通环境		实验动物生产、动物实验、检疫	普通动物
屏障环境	正压	实验动物生产、动物实验、检疫	清洁动物、SPF 动物
	负压	动物实验、检疫	清洁动物、SPF 动物
隔离环境	正压	实验动物生产、动物实验、检疫	SPF 动物、悉生动物、无菌动物
	负压	动物实验、检疫	SPF 动物、悉生动物、无菌动物

1. 普通环境（conventional enviroment）符合实验动物居住的基本要求，控制人员和物品、动物出入，不能完全控制传染因子，适用于饲养普通实验动物（conventional animal，CV）。实验动物的生存环境直接与外界大气相通。饲料、饮水要符合卫生要求，垫料要消毒，有防野鼠、防虫设施。

2. 屏障环境（barrier enviroment）符合实验动物居住的要求，严格控制人员、物品和空气的进出，适用于饲育清洁实验动物（clean animal，CL）和（或）无特定病原体（specific pathogen free，SPF）实验动物。实验动物生存在与外界隔离的环境内。进入实验动物生存环境的空气须经净化处理，其洁净度达到 7 级。进入屏障内的人，动物和物品如饲料、水、垫料及实验用品等均需有严格的微生物控制。

3. 隔离环境（isolation enviroment）采用无菌隔离装置以保持无菌状态或无外来污染物。隔离装置内的空气、饲料、水、垫料和设备应无菌，动物和物料的动态传递须经特殊的传递系统，该系统既能保证与外环境的绝对隔离，又能满足转运动物的需求。适用于饲育无特定病原体、悉生（gnotobiotic，GN）及无菌（germ free，GF）实验动物。实验动物生存环境与外界完全隔离。进入实验动物生存环境的空气须经净化处理，其洁净度达到 5 级。人不能直接接触动物。

第二节 实验动物设施的环境

实验动物设施通常建在一个独立的建筑物中，或是与科研实验室及办公室合用同一建筑物，但相互间被物理分隔而相对独立。设施通常包括动物饲育区、笼具洗刷区、储存区、淋浴室、办公室和其他相关区域。设施内的环境条件如温度、湿度、噪声和换气次数等都经过调节和检测维持在一定水平。在实验动物实验设施中，科研设施与动物笼舍的环境条件保持一致是非常重要的。

动物房中的温度、湿度、通风、光照强度和持续时间、噪声和其他变量（称为大环境）直接影响动物笼具内的环境（称为微环境）。环境的状况对动物行为、健康和生理有直接影响，并相应地影响实验数据。控制环境变量，以确保实验动物处于稳定的生活条件之中，这对于实验研究计划的实施十分必要。某些动物的居住条件（环境）对研究者或动物饲养人员来说可能不一定舒适，在这种情况下，应优先考虑动物的舒适度和实验条件。具体要求可参照国标 GB14925-2010。

一、温度

温度是表示空气冷热程度的指标。动物房太冷或太热都会使动物产生应激。例如，为了适合新生动物的需求，啮齿类动物的繁育、生产设施的温度应该保持在 22℃。同样，饲养新孵育的幼雏，无毛啮齿类，及术后康复期动物的房间，温度应保持在推荐范围的较高的一端。新孵育的幼雏和非常年幼的猪的房舍温度需保持较高，此外还需要提供额外的热源（如加热灯）。

如果环境温度超过 26℃，成年小鼠可能产生热应激。其他种类，如兔子和狗等较啮齿类更容易适应冷一些的环境。

二、湿度

湿度是一个反应空气中水分量的指标。我国在《实验动物 环境及设施》国家标准中规定了实验动物繁育、生产和动物实验的相对湿度指标均为 40%~70%。长时间、较低的相对湿度（<30%）可能会导致啮齿类的环尾病，还可能造成一些实验动物的呼吸系统疾病。高湿度也可能导致呼吸系统疾病和食物的腐败。

三、换气

动物房通风换气可以排除室内有毒气体，比如细菌分解尿液的副产物——氨气，供给实验动物新鲜空气。足量的空气交换可以帮助减少空气中的微生物，保持动物房需要的温度和湿度。

与周围环境相比，通风的房间可以是正压或负压。正压的房间需保持一个比周围环境更高的压力。打开正压房间的门，空气流向走廊，这样可以防止外界污染物进入房间。

负压房间保持一个比周围环境更低的压力。打开负压房间的门，空气会从走廊进入房间，这样可以防止房间中的微生物排出。动物检疫和感染性动物实验通常在负压室内进行，存放危险物品的特殊设计的房间也应该是负压的。房间的压力需要定期检查，以确保房间内有恰当的压力。有些设施设有内置的测量仪监测空气平衡，而有些设施则用一种手持的仪器来测量（风速计）空气流动。一旦能够检测进出房间的气流及压力，就可以在需要时对房间内的气压做出调整。动物房内的气味能够反映出通风换气情况。工作人员在发现气味浓重时，必须立刻报告给监控者。这种气味往往意味着通风次数不够或饲养条件差。

四、光照

光照应平均分布并且足够强，便于技术人员看清动物并进行饲养管理。改变光照时间可能使动物产生应激，也可能影响动物种群的繁殖效率。因此，动物饲养人员必须在规定时间开关灯，自动计时灯需要定期检查以确保它们在设定的时间开和关。长期暴露在强光下可能会带来问题，特别是对白化动物（白毛粉红眼）而言，它们的眼睛对光线异常敏感。实验过程中的高强度光照问题即使被快速修正，也可能因为动物的应激反应而非实验操作改变生理数据。特殊的实验需求可能需要饲养室内有特殊明暗周期。因为外界的自然光多变并且可能干扰可控光线，大多数设计良好的动物房没有窗户。一些设施配备可控的光照系统，可以随时改变室内的光照强度：暗光线水平用于动物饲养，可以暂时调高光照水平用于房间的清洁和维护。

五、噪声与振动

完全消除实验动物设施内的噪声及振动是不可能的，但是降低噪音有助于减轻对动物的刺激。暴露于较高的噪声环境，尤其是突然发出的强大噪声，兔子会被惊吓而跳动，甚至因此而受伤；啮齿类繁殖能力也会受到影响；许多动物会出现体内激素水平的变化。特别应该注意的是动物和人的听阈不同，绝大多数动物能够听到人类听不到的超声波。一些设备会产生只有动物能够听到的声音。

在动物房工作的人员均应必须避免制造噪声，如大喊大叫，粗暴地摔打笼盒或盖子等。有时负责人会要求播放轻音乐以降低人进入动物房引起动物惊恐反应。轻声安抚的语气可让对噪声敏感的动物安定下来，如为猴子播放电视或 DVD。这些动物的饲养区域应该与容易制造噪声的动物如狗和非人灵长类等分开，并且远离洗刷区、装卸区及其他繁忙区域。

第三节　实验动物设施的设计

实验动物房应防滑、防水，易于清洁，排水管要设网盖以防杂物流入排水系统。排水处的地面要低于其他地方。墙和天花板要用混凝土或其他防水且易于清洁的密封材料建造，表面应该没有裂缝和油漆缺口，并且能够防虫。理想的动物房还应该有防水防虫的内嵌式天花板灯以及电源插座。门应是自动关闭的，并且带有观察窗、锁和嵌入式把手。由于明暗交替周期对多种动物有重要影响，动物房一般不设窗户，只在门上设小的观察孔，以便维持室内稳定的光照环境。同样重要的是，不能长时间使动物房的门处于开放状态，这样会影响室内的温度、对流及光照强度。

在屏障内工作的动物饲养技术人员需及时汇报工作过程中发现的各种异常，以便及时发现并解决问题。发现的各种问题均需要及时进行记录，如灯光变暗、下水不畅或表面裂纹等，其中有些因素有助于微生物的生长。

一、屏障和控制

实验动物屏障设施比普通动物房要复杂得多。屏障的目的是防止外部病原进入或是防止内部病原流出。所有进入屏障设施人员必须沐浴并更换特殊防护服。为了防止引入疾病，所有的笼具、垫料、饲料和水在进入设施前都应经过高压锅灭菌。在这种条件下，可以饲养无特定病原体（SPF）动物，保证动物不携带特定的感染性疾病病原体。

当感染某种疾病的动物用于实验时，为防止疾病传播，所有物品在转移出房间前都要用化学方法或高压锅灭菌。

屏障设施具有普通动物房设计的标准特点外，还应用了空气过滤设施。空气通过特殊的高效空气过滤器，以清除掉空气中的携带有害微生物的灰尘和其他微粒。

二、走廊和流程

走廊中人和物的进出流量较大，其建造材料应经久耐用。走廊的墙和角落需设计防碰撞的缓冲装置以防止损坏。走廊宽度应不小于1.5m，以便最大的设备可以顺利通过。走廊尽头的缓冲间可以减少噪声、异味及污染。为了防止设备通过走廊时发生碰撞，通向走廊门应向内开，灭火器、灯光定时器、温度调节器及内部扬声器等均需镶嵌到墙内。

流程，即人员、物料和设备进出设施的程序，对整个动物设施的正常运行非常重要。不同设计类型的动物房需遵循不同的流程。单走廊动物房意味着干净和脏的物品都要经过同一区域。

在洁净污染区分开的双走廊系统中，每间动物房有两个门：一扇门用于从清洁走廊运入设备和物品，另一扇门通向污染走廊，用于污染的设备、物品和垃圾的运出。这种系统可以防止污染的物品接触和污染到洁净的物品（双走廊设施比单走廊设施花费更高，预算有限时不适用）。

在严格控制的屏障系统中，所有人员必须从清洁走廊进，从污染走廊出。运输动物的盒子必须消毒，通常是在进入设施前涂抹消毒液。饲料和垫料等物品也必须消毒，可以用消毒动物笼盒的方法，也可以用高压锅灭菌。为了让设施运转良好，所有人员及操作需严格遵循设计流程。

三、设施安全

科研工作既耗钱又耗时，一个项目可能需要许多人员多年的努力工作。故意损坏和失窃不仅会浪费科研经费，而且可能毁掉数年的努力，浪费许多动物的生命。所有的实验动物设施都需要有安全措施，最简单的办法是采用门锁，较复杂的可采用电脑门禁系统，对每间动物房的入口进行控制。

技术员必须注意设施内安全说明并始终按说明操作以保证动物房的安全性。工作人员打开具有安全防范功能的门以后，在离开时应该确认门被锁好。此外，钥匙、门禁卡和密码不能交给或告知未被授权的人。避免安全隐患的最好方法是保持警惕。任何人员看到设施内有陌生人都有责任弄清他是谁。工作人员一个简单的、有礼貌的询问，如“需要帮助吗?”就可能阻止外来人员进入动物房。在这种情况下，工作人员同时应及时告知管理者，让管理者明白动物房内有未被授权的人员存在。

四、笼具清洗

由于笼具洗刷会产生很大噪声，清洗室应该远离动物饲养区和办公区。这个区域应该通风良好，以便排出蒸汽和异味。洗刷室内，所有的电源插座、灯具、墙壁、地面和天花板都应是密封的，便于清洁处理，阻止水和湿气渗入。

五、检疫及隔离区的设置

很多设施设计了特定的房间可将一些刚引入的动物与其他动物分开饲养，是为检疫区。在检疫期，工作人员需监视新进动物的疾病状态并进行健康状态评估（通过血液检查和粪便检查等）。检疫区可以设计成普通的动物房，也可以是一个房间内多个功能各异的小空间，每个空间都配有独立的负压装置。如果怀疑某动物患病，则需将它置于隔离区内。隔离区用于饲养可能携带致病微生物的动物。像检疫室一样，隔离房间应该是负压设计，以阻止致病微生物离开房间。

六、饲料和垫料的储存

饲料和垫料经常储存在两个不同的区域，都必须做到防虫和干燥。装饲料和垫料的袋子应放在远离墙壁的架子或垫板上。让饲料和垫料远离墙壁和地面，有助防虫，也利于对储存物周边环境的清洁卫生。保持储存区的低温和干燥可以防止饲料和垫料变质。

七、物品及设备的储存

储存空间不足是实验动物设施内常常遇到的问题。对于洁净的设备，设施内通常有指定的存放区。供应室用于存放清洁用品，如化学消毒剂和清洁用具等。用于存放消毒剂和其他化学品的房间，不能用于存放干净设备、饲料和垫料。将储存区域分开，可以使化学物质对饲料、垫料和清洁用具造成污染的危险性降到最小。走廊、通道和动物房，均不能用于存放干净设备，因为这些物品阻碍人员等的流动，聚集灰尘，并且可能变成安全隐患。

八、人员区域

人员区域包括办公室、食堂、浴室和更衣室等。这些区域与其他房间隔离。在实验动物设施内，通常只有食堂和办公区允许进食及休息。

九、手术与操作

操作室是科研人员及实验动物技术人员进行动物实验或治疗的房间。多数手术治疗室都有操作台，用于诊断、手术或进行实验操作。若在动物室内进行这些操作可能会使房舍内的其他动物产生惊慌。

十、应急备用电源

紧急电源对一个实验动物科研设施来讲是非常重要的。一旦停电，通风机组及空调系统就会停止工作，引起动物房内温度和氨气水平的升高。长时间的高温、高浓度氨气或二氧化碳可能严重影响动物健康。在检疫室和其他感染性疾病实验区，停电造成的负压缺失也是一个十分严重的问题。

十一、试剂和危险性

科研用到的试剂、材料或实验操作，可对人员和实验动物造成物理性、化学性、生物性或者放射性危害。只有经过训练的，有资格的人员才能处理污染的物品、动物和其他垃圾。任何用到危险试剂的研究工作，在开始实验前，均应先列出需要参与人员知晓的潜在问题和注意事项。设施内使用危险试剂的地方，应该贴出不同的标志和警告，标识危害的种类。感染病原体的动物和动物残肢等必须被扔进带有生物危害标志的容器中。在有生物危害的项目开始前，要把流程打印出来，让相关人员了解潜在危险和注意事项。在尚不了解实验室内与生物安全相关的信息时，不可以让自己和他人置身其中，待确定且制定合适的流程后，方可进行操作。

（一）危险种类

1. 放射性核素　这些元素发出低水平的放射线，对生物代谢过程（如消化、排泄）研究有重要价值。通常直接接触这些放射性核素有一定的危险性，因此在使用时需要严格执行注意事项和安全措施。所有参与放射性核素工作的人都应该佩戴记录射线暴露的放射性监测标志。

2. 病原体　感染性细菌、病毒、真菌和寄生虫都对人类和动物构成威胁。有些对人体致病的病原体也可能感染某些品系的动物，例如，结核杆菌能感染人，也可感染灵长类动物。科学研究也常常以某种病原体作为研究材料或对象，例如，研究者要研发一种用于结核的疫苗，为了检测疫苗的有效性，就可能用结核菌感染豚鼠制备动物模型。在这两个例子中，设施管理者都要制定一套安全措施和流程来保护技术人员和研究者，具体参见《实验室 生物安全通用要求》GB19489-2008。

3. 致突变剂　这些物质可造成染色体的改变，诱导突变产生。大剂量的 X 射线和一些化学物质都有这样的效应。致癌物就是致突变剂，是能直接诱导肿瘤产生的物质。常用于组织固定的甲醛（被稀释到一定浓度后叫做福尔马林），就是一种已知的致癌剂。

4. 毒素　即有毒物质。很多实验室里用的化学物质，像甲醛和气体麻醉剂就是毒素。细菌、植物和动物细胞也能产生毒素。例如，破伤风就是破伤风杆菌侵入人体，在缺氧环境下生长繁殖，产生毒素而引起的阵发性肌痉挛。

（二）污染危害的防范

实验动物设施通常采用以下措施来帮助控制危险：

1. 利用空气压力不同产生正压和负压区域，依此控制气流走向。
2. 过滤从实验室、动物房和通风橱排出的空气。
3. 将风淋室和双扉高压锅装在洁净区和污染区之间。
4. 紫外灯传递窗装在门口、风淋室和其他特殊的实验区域，用来清除表面的微生物。
5. 配备更衣室和淋浴室。
6. 在洁净区和生物危害区使用内部通话系统。
7. 制定并执行实验室下水和动物笼具污染物的处理规定。
8. 确保供水主管道中回流阀正常。
9. 把污染区和公用系统分开，公用系统包括：空气供应、压缩气体、蒸汽系统、中央吸尘器、实验室下水道、卫生下水道和水源。
10. 经过实验动物人员和研究者仔细研究，制定一个适合本实验使用的详细的标准操作流程（SOP）。SOP 中列出人员保护装备的使用方法，如面具、呼吸器、护目镜、防护服和手套等。

十二、动物尸体的储存和处理

动物尸体通常暂时性放在塑料袋里冷藏或冷冻，最终被转移出动物设施进行无害化处理。用于存放动物尸体的塑料或金属罐子应该能防漏并且有密封盖，工作人员应经常对存放动物尸体的容器进行清空和清洁，不在尸体储存罐内放其他废物。动物尸体通常委托专业性公司进行焚烧处理。

如果发现动物非正常死亡，动物房工作人员需立刻报告给上级管理者，由上级管理者再通知兽医或课题负责人。有时课题负责人可能要对死亡动物进行尸检，取一些组织器官用于病理诊断。动物尸体应该被明确标记并放在冷冻室（不是冷藏室），直到进行尸检或无害化处理。

十三、笼具——动物的微环境

大多数实验动物一生的大部分时间都生活在笼具中，这些笼具就是实验动物环境中极其重要的一环。笼具必须让动物觉得舒适、安全，并且动物能在笼具里自由活动，接触到干净的食物和饮水。很多出版物都介绍了常见实验动物种类及其合适的饲养条件。各单位的标准操作规程（SOPs）应该基于各自可用的设备对各自设施内动物房舍标准和饲养技术进行描述。

（一）舒适和运动

推广实行国标规定的笼具标准，可保证实验动物拥有足够的空间。实验动物应该有足够的空间转身、伸展和任意的身体运动。把太多动物养在一个笼子里或是使用过小的笼具都会使动物产生应激反应，这种应激会改变动物的生理和行为，进而改变实验数据。这样的做法既不人道，也违反相关法规。我国已经建立了实验动物的最小空间标准，参见《实验动物环境及设施》GB14925-2010。

（二）垫料

垫料可以是金属笼具底部废物收集盘内的吸收剂，也可以是其他笼盒底部直接接触动物的材料。笼具的设计决定了用接触（直接）还是非接触（非直接）垫料。注意防止垫料的污染。

高品质垫料材料的特点：

1. 适用性　垫料是实验动物环境的一部分。因此，垫料材料的改变是可能导致实验无效的环境变量。在一个实验周期中，垫料的大小、质地、质量必须保持一致。

2. 非营养性　咀嚼和吞下一些垫料不会对动物造成伤害，但为避免给实验带来无效的变量，垫料应该具有较低的营养成分。例如，粗秸秆就不适于做垫料材料，因为它的营养价值相对较高。

3. 吸收性　优质的垫料应该能吸收自身重量多倍的水分。这对动物尿液的吸收很有必要。

4. 无毒性　不应该用除味剂、杀菌剂或其他化学物质处理垫料，这些化学物品可能会影响动物健康，并最终影响实验。

5. 舒适性　接触性垫料应该软硬适中，不应该有锋利的、易碎裂的边角，或是其他可能伤害动物的缺陷，使动物筑巢困难。

6. 可处理性　脏垫料一定要能够存放在简单安全的容器里。如果不能焚烧或方便处理，就可能会产生环境卫生问题。

7. 统一的尺寸　垫料颗粒的大小合适，不能产生过多的灰尘。因为灰尘会对动物的肺部和眼部产生刺激。

没有一种理想的垫料能适用于各种动物。碎玉米芯、木屑、挤压过的纸和秸秆（用于大动物）都是常用的垫料。所有的垫料都会产生一定量的灰尘，可能会阻塞笼具的喷嘴及IVC笼具的出风口。

若有必要更换常用垫料、供给物或是改变饲养技术，应及时通知动物房管理者及研究人员，因为这些变化都可能会影响实验结果。

第十二章 实验动物设施的设备

实验动物设施常用到一些特殊的设备，如笼架、地板洗涤器、高压锅、真空吸尘器和笼具清洗机等。这些设备可以帮助工作人员给动物提供合适的、高质量的照顾和卫生条件。同时，这些设备需要大笔的运行经费维持，对它们的护理、维护以及正确使用，是动物房工作人员的责任。实验动物人员必须学习每一种设备的维护和使用。当设备不能正常工作时，必须立刻停止使用，把问题报告给相关的管理者，以便尽快维修或更换设备。

第一节 饲养的设备

一、笼具

实验动物饲养笼具有很多种。科研工作性质和设施的饲养水平决定使用何种笼具。安全的笼具应该有光滑的表面、整齐的边缘及没有聚集灰尘和垃圾的缝隙，能防止动物逃逸并且有良好的通风装置以帮助维持笼盒内适宜的微环境。在通风不良的笼具里，水滴和尿液就会浸湿动物，笼具内的湿度会大大增加。设计良好的笼具应该便于安全地抓取动物并保护动物抓取者。

（一）笼具的材料

笼具材料需持久耐用，可供反复使用和清洗。常用笼具的选择取决于饲养动物的种类，通常有不锈钢、铝和各种塑料。不锈钢表面光滑，持久耐用，不会与清洗剂反应。尽管不锈钢较昂贵，不过它持久耐用的特征抵消了高投入的缺陷。铝较不锈钢便宜一些，重量较轻，但耐用性差。镀锌钢、铁、木材都不适于作为笼具材料使用。镀锌钢和铁相对较重，会生锈，而且对大多数化学清洁剂不耐受。处理不好的木材表面粗糙，易产生裂缝，会伤害到动物，也很难清洁。环氧树脂漆处理过的木材更容易清洁，但它经不耐高温，也经不住长期反复清洗。

塑料笼具通常是聚苯乙烯、聚丙烯或聚碳酸酯制成的。聚苯乙烯在正常的清洗温度下就会融化，弯曲变形，并且只有中等的耐冲击强度。这些笼具通常用作一次性的啮齿类笼具。聚丙烯可以耐高温，但不透明，影响对动物的观察。有些情况下，特别是对独居动物，倾向于选择不透明的聚丙烯笼具。聚碳酸酯有较高抗冲击的强度、透明且耐高温。整体来看，塑料笼具不生锈，表面光滑，并且不会渗入化学清洁剂。金属网盖加塑料笼体的形式既耐用也便于观察，其应用较为广泛。

（二）笼具的种类

1. 鞋式笼具　鞋式笼具通常由笼盖（上有形状如 V 形饲料槽和饮水瓶）和笼盒两部分组成。笼盒为坚固的塑料或不锈钢盒，笼盖为不锈钢的网盖。笼盖需紧扣或挂住笼盒，以防动物逃逸。这种笼具通常使用接触性垫料，前面有便于观察的饮水瓶（或自动水源）和饲料。常用于啮齿类动物的饲养。

2. IVC 笼具　IVC 是独立通气笼具（individual ventilation cages）的简称。IVC 笼具是一种微型隔离系统，是对鞋式笼具的优化，该笼具可以对笼盒内的微环境进行更好的控制。塑料盒网盖上面有带过滤功能的塑料盖，控制房间和笼盒内部的气体交换。笼盒可以放在标准的笼架上，也可以放在特殊的通风笼架上，加强空气过滤和交换次数。任何需要移开过滤盖的步骤通常都是在特定的工作台上完成，包括喂食、给水、更换笼具和实验操作均需要如此。

3. 悬挂式笼具　悬挂式笼具是用塑料或金属丝制作的，可挂在铝制的或不锈钢制的有滑行装置的笼架上，这类笼具的底是穿孔或实心的。动物排泄物通过金属网或笼具底部的间隙进入收集盘，收集盘一定要经常清空、清洁。如果底的表面不平或是间隔太大，可能使动物的脚和腿受伤或感到不适。塑料包被的网或杆做成的底部可以减轻这种不适，给动物提供一个更温暖、更舒适的表面。光滑的金属表面也是一种让动物感到舒适的替代品。有光滑实心底部的悬空塑料笼具需要垫料；它们吸收和混合了动物的排泄物，需要更经常地更换。这类笼具可以有独立的盖子，也可以连接到滑轨上，用笼架做盖子。

悬挂式笼具在滑轨上移动，就像抽屉开关一样，关闭时只需要把它们推回笼架。脏的笼具就从笼架上拿下来，换上干净的。因为一个架子可以装很多套笼具，所以这种悬挂式笼具系统不适用于少量动物的饲养。

底部镂空的悬挂式不锈钢笼具比底部固定的塑料笼具通风更好。但是，不建议用这种笼具饲养幼年的啮齿类动物，以免新生的鼠会从网眼漏下去。还需要注意的是，直接接触金属笼具，动物会受凉。

4. 前开门式笼具　有些动物笼具的入口是在前面，而不是上面。这种类型，可以是单个笼具，也可以是整个笼架。这种笼具底部是间隔的金属杆或金属网，下面有托盘来存放排泄物，饲料和水瓶的固定装置在门上。这种笼具通常用来饲养兔子、猫、狗和灵长类。

5. 代谢笼　代谢笼把尿液和粪便分开以便标本收集。代谢笼种类很多，需注意选择适用高效的类型。为了使用起来更加高效，工作人员需要经常地仔细清洗这些笼具。使用时，一定注意不能把饲料和水混进尿液和粪便的标本中。非粉末状饲料可以有效防止饲料掉进收集器中。饮水阀装在笼具外，但又要让动物能接触到，从而避免稀释收集到的尿样。

6. 群养笼　群养笼用于饲养同一物种的笼具，这种笼具可以移动，也可以固定。一些笼具中有特殊的休息板或栖息处，这样可给动物提供额外的休息处，更好地利用了空间。当动物群养时，要提供足够的食物和饮水，以防止优势动物抢占或储存食物。经常采用群体饲养方式的动物有猫、非人灵长类和绵羊等。引入新动物到一个群体中，或是把没有群养过的动物群养，动物之间可能会产生打斗。因此，在引入新动物时，需严密观察动物群体的状态。

7. 运输笼具　把动物从一个地方运到另一个地方的容器有两种：一种是运输板条箱或纸箱，用于动物供应者把动物运到新的设施；另一种就是常规笼具，用于动物在设施内的转移。

纸箱是运输过程中动物暂时性的居所。垫料、饲料、水与动物一起放进纸箱。当不便提供水源时，可以用糊状物、水果或蔬菜作为水源进行替代。

设施内转移动物的笼具可以用手提或者推车。因为动物在笼具里的时间很短，不需要添加食物、水和垫料。由于社会舆论对动物福利的关注，当跨越设施公共区域转移动物时，建议用特定的转移笼具或指定的覆盖物覆盖，以防公众看到而引起误解。

二、围栏或运动场

围栏或运动场适用于体型大的实验动物饲养。这种场地需要有大的围栏及防水地面，休息区应高于地面。倾斜的地面有助于使水和动物排泄物聚集并远离居住区和喂食区。围栏的表面应该易于清洁。如果建在室外，围栏内要有遮蔽物，以防天气不测。狗、绵羊、猪和山羊等的饲养通常使用这种设施。

三、食槽和饮水系统

食槽和饮水设备的设计，应使得动物能够很容易地接触到食物和水。

（一）食　槽

很多种喂料盒和餐具都能满足实验动物需求。压成形的啮齿类动物饲料可以放在笼具盖子上的 V 形凹槽内或是挂在笼具上的喂料盒里。J 形喂料盒通常用于尺寸更小的、饲喂兔和豚鼠的饲料。对于猫和狗，通常的做法是把饲料和水碗放在笼具的底上。然而，笼具内的碗容易被动物污染。悬挂式或接触式的喂料盒让饲料远离地面，可以很好地解决这个问题。

（二）饮水系统

水可被存放于玻璃瓶、塑料瓶、不锈钢或橡胶的碗或木桶里。使用水瓶和水碗很容易观察动物饮水量，这是动物健康的一个重要指标。

自动饮水系统解决了使用饮水瓶相关的问题。自动饮水系统是由管道和阀门组成的运送系统，通过塑料或不锈钢管道把水引进动物区，自动降低水压供动物饮用。起始管道内的水压通过具有一个或两个压力调节器的减压站降低水压。在水进入系统前，减压站还能把水里的小分子过滤掉。过滤功能对系统的运行至关重要，因为水源里有各种悬浮的微粒。这些小的微粒如果进入系统，就会导致饮水阀瘫痪。水离开减压站后，穿过固定在墙上或天花板上的分配系统的管道，直接进入到动物房内的笼具架上。

可伸缩的软管（连接到房间里的分配系统）把房间里的系统连接到笼架上的多分支管系统。多分支管系统一方面将水提供给每一个笼具，另一方面再通过一个进水阀提供直接水源。

饮水嘴适用于多种动物。动物需要通过舔咬触杆来打开阀门，然后水会以一定水压供给动物；当动物停止咬舔动作，阀门关闭，阻断水流。每个阀门都必须经常检查，以确保其正常运转。堵塞或泄漏的阀门应及时更换，或者标明已坏阀门，以保证动物不被放入该笼位内。

每天对自动供水系统的压力计进行检查，以确保水压足够。整个系统也应该定期冲洗，以减少微生物增殖堆积。可以人工手动或采用自动系统冲洗。一些设施还用化学试剂（如氯）清洁供水系统。

对新接收的动物，在它们学会使用自动供水系统之前，提供水瓶保证饮水十分必要。兔子通常需要几天才能适应自动饮水系统。不会使用自动供水装置而口渴的动物通常会不进食，仔细观察动物的食物和水的消耗，对维持一个动物群体的健康非常重要。

第二节　笼具清洗设备

自动笼具清洗机有三种样式：柜式、架式和通道式清洗机。

柜式清洗机，像家用洗碗机，把脏的设备放进小室里进行清洁。清洗机先是清洗和冲洗，之后烘干，最后移出进行检查。

架式清洗机是更大的一种柜式清洗机，整个笼架的笼具可以直接放进去。这种清洗机有一个门，也可以是通道式的，把脏的物品从一面放进去，清洁后，把物品从另一侧的门取出。

通道式的清洗机像一个商业用的洗车机。将设备的每个零部件放在传送带上，经过洗刷、冲洗、烘干后，干净、干燥的设备零部件从清洗机的另一面出来等待重新组装。

自动清洗机可以自动控温，自动调节清洁循环时间，自动添加清洁剂以及紧急关闭。部分自动清洗机还配备监控和记录仪。工作人员每天需对清洗机的过滤器进行清洗，定期取出并清洗喷射嘴，以保证喷射嘴不会被垫料或其他碎片阻塞。为了防止故障，机器、密封圈和电子组件应该由有经验的专家定期检查保养，定时器和其他仪表也应每天检查，保证工作条件设置准确，清洗效果良好，大部分日常的保养工作需由实验动物技术人员完成。

第三节 测量设备

实验动物技术人员经常要称动物体重等测量工作，因此，他们需要掌握一些仪器尤其是天平的使用。

测量动物体重前，技术人员必须了解天平的结构及使用方法。秤或天平的量程是指这个设备可准确测量的最大重量。天平的准确性是指天平测出物体的重量与物体实际重量一致性。一台有效的天平即便在重量变化很小的情况下也可以进行区别。除此之外，称量速度和易操作性也是选择天平的指标。

实验动物设施内常用上皿式天平。台秤可以直接读出体重，常用于较大的动物称量。操作者可以把托盘重量调零，电子天平通常按一个键就自动完成“皮重”调零工作，以消除测量容器的重量。有一些天平可以记录个体重量并计算平均重量。这些电子天平可以把数据输进电脑，用于文件、数据转换以及其他程序性计算以供信息随时调用。

天平每次使用后应彻底清洁，这对于防止动物间的微生物传播非常重要，也能防止灰尘和毛发蓄积对天平称量结果的影响。

第十三章 实验动物设施的卫生

实验动物设施的卫生处理非常重要，直接或间接影响实验动物的生长发育和动物实验结果的科学性。一般采取灭菌、消毒和清洁处理三种方法。

第一节 灭 菌

灭菌（sterilization）是指用物理或化学的方法杀灭全部微生物，包括致病和非致病微生物以及抵抗力极强的细菌芽胞，使之达到无菌水平。高温高压灭菌是最有效的灭菌方法之一。

高压蒸汽灭菌器（高压锅）是实验动物设施所必备的灭菌设备，用于各种耐高温物料的灭菌处理。工作原理是利用高温、高压的蒸汽来杀灭被消毒物料中的各种微生物和寄生虫以达到灭菌的目的。它的特点是杀菌可靠、穿透力强、经济、快速、无毒性。考虑到消毒物体上微生物的数量以及消毒物质的属性，进入室内的蒸汽压力和灭菌时间必须适宜。例如，对于大包的垫料、叠加在一起的笼盒以及大包的手术器械等高压时间均应适当延长。

高压灭菌器根据不同的需求有不同的型号和大小。大多数高压灭菌器有调控蒸汽压力及排气的装置。高压十分重要，它能够使水蒸气过热化，使其达到超过正常大气压下100℃的温度以便充分穿透物体达到良好的灭菌效果。高压灭菌器操作不当将非常危险，实验动物技术人员在操作之前应对设备进行充分了解，并接受上岗培训取得使用资格。

对于某些不耐热、高湿或高压的物品，不能使用高压灭菌器对其灭菌。可选择其他灭菌技术，例如使用环氧乙烷气体干热灭菌、化学灭菌、紫外线或者液体过滤灭菌等。

第二节 消 毒

消毒是指杀死病原微生物，但不一定能杀死细菌芽胞的方法。用以消毒的药品称为消毒剂。消毒过程对活体动物会造成强烈的刺激。抑菌剂抑制病原微生物的生长，但不一定能杀死病原微生物，而部分杀菌的消毒剂不但可以杀死细菌也可以杀死芽胞。化学药品，例如酚、次氯酸钠（漂白剂）、四价的氨水常用来消毒地板或设备等非生命体。次氯酸钠是一种很好的消毒物品，它可以杀灭多种细菌和病毒，并且价格便宜，容易制备，但由于其可以损伤感觉器官及其他组织，如眼、肺等，在使用时应注意安全。漂白剂中不含去垢剂，在使用之前应确保消毒物品清洁无污物，以免影响其消毒效果。含酚的混合物曾经广泛地被用作消毒剂，为了达到消毒效果常需要高浓度的酚。然而，酚会对猫和其他的一些实验动物产生危害。四价的氨水混合物是比较弱的消毒剂，它能够破坏某些微生物的细胞膜。这种混合型试剂可以作为杀病毒剂、杀菌灭藻剂和杀真菌剂使用。四价的氨水不可与去垢剂或肥皂混合使用，否则会影响其消毒功能。

第三节 清洁处理

清洁处理就是指减少物体上的细菌或其他微生物来避免疾病入侵。在动物设施中，日常清洁处理的物品包括地板、墙面、笼盒、喂食器、仪器和桌面等。首先清除污物、毛发、灰尘、唾液、血液、排泄物及尿液等，之后用去垢剂清洗，再使用消毒剂或者超过82℃的水清洗。

经常对设备和动物房进行清洁是十分必要的。化学物质或微生物等在清洁中可以被去除。经过清洁的实验设备必须经过检测证明对实验动物健康无害才可以使用。使用除臭剂不能代替常规的清洁卫生处理。

在很多情况下，不同的化学试剂不能混合使用。不加选择地随意混合化学试剂可能会对动物和人的健康造成巨大危害。以下是有关化学试剂使用的一些建议：①化学试剂应存放在阴凉的地方。②根据标签上的说明正确使用。不遵照说明的不当使用可能会造成严重后果。

③不使用没有标签的试剂。不要对无标签试剂进行猜测使用，对无标签试剂应按规定丢弃以免带来损失。如果将化学试剂放入一个新的容器中，一定要注意写明标签。④除非生产商允许，否则不要将两种化学试剂进行混合。例如，氨和漂白剂混合后会释放出有毒气体。⑤不要使用产品样品，除非该产品已经过一段时间的验证。未被使用的样品随意放置会增加误用的可能性。

一、笼具的更换

实验动物使用的笼具应该经常更换以便为动物的身心健康发展提供一个良好的生活环境。更换频率和方式应由动物种属、笼具种类以及其他一些因素共同决定。此外，笼盒中饲养动物的数量、笼盒的大小以及垫料的种类也决定着更换频率。日常的清洁以及垫料的更换对于较大体积的动物也是十分重要的，例如猫、狗和非人灵长类。

二、动物设备清洁技术

脏笼具和设备必须拿到专门的笼具清洗区域进行清洁处理。托盘和其他设备不能在动物房中直接人工手洗，否则会使灰尘或微生物在空气中散播，甚至污染动物房的环境。

有些笼具清洗区分为清洁区和污染区，连接这两个区域的笼具清洗机被称为传递清洗机。当污染设备被放置到污染区的门口等待清洁时，首先，应保证待清洗的笼具设备无垫料、动物粪便和其他碎屑；接着用化学去垢剂（如酸性溶液）去除笼具上的尿垢，注意使用这种酸性溶液时应做好防护措施（如戴好手套和护目镜）；然后将笼具放进清洗机去除剩余的碎屑或化学试剂并进行洁净处理。经过清洗机洁净处理后，笼具经分隔门传入清洁区，而后被运往储存室或直接使用。没有经过物理分隔的清洗区，也应划分出清洁区和污染区，以防清洁处理过的设备被污染。

将吃剩饲料处理之后，将干净无碎屑的喂食器和盘子在消毒剂中进行浸泡，然后放入清洁机清洗。浸泡时间可参考消毒剂包装上的说明书。清洗饮水瓶底部的沉淀可使用瓶刷，然后将空瓶倒置在饮水瓶清洗机的架子上进行清洗，饮水嘴常在笼式或槽式的清洗机中清洗。饮水瓶可用水龙头一次性充满，或者使用自动水瓶填充器对整架水瓶同时充填。不能放入笼具清洗机中的较大的设备，应先使用去垢剂和消毒剂用力刷洗，再用水清洗后方能使用。饲料和垫料储存临时箱应先清洗消毒后再填装。清洗之后的饲料箱和垫料箱应充分晾干，以防潮湿引起细菌滋生和腐败。

三、动物房的清洁程序和技术

动物房的清洁频率取决于饲养动物的种类和动物设施的清洁计划。水槽中应无碎屑，并提供肥皂和毛巾。通风孔和门应保持无灰尘、无污垢、无毛发及羽毛。通风孔的阻塞会导致空气循环受阻。垃圾桶内应有可处理的塑料内衬，并应及时清空。动物房、储藏室及通道都应经常使用合适的去垢剂和消毒剂进行清洁，以确保没有灰尘和污染物。根据动物种属，不同动物房的清空、清洁和消毒都应遵照固定的标准操作程序。清洁范围应包括墙面、天花板、灯具以及暴露表面的其他物品。

动物房的水槽、扫把、拖把、抹布和水桶在每次使用后都应进行清洁处理。拖把、抹布等应经常清洗或更换。清洁用具应专屋专用，不得随意拿出或混用。以免不同房间之间疾病的传播。

四、其他设备的更换

水槽、喂食器、饮水及其他设备应常规进行清洁，以保证其干净无污染。喂食器的清洁程序应由喂养动物的数量及饮食种类决定。应每日检查饮水瓶、水阀及饮水嘴等，确保其正常工作。使用清洁卫生的饮水瓶替换使用过的饮水瓶可以保证动物的饮水安全。若只是加水而不更换饮水瓶，则需保证加满后的饮水瓶回归原位，以防交叉污染。对于带有自动饮水装置的饮水槽，在清洗饮水槽的同时，也应充分重视供水装置的清洁卫生。

五、环境监控

定期环境监测可以正确评估清洁卫生工作的效果。

为客观地监测清洁漂洗温度，可以在操作清洗机时使用温度计。对高压灭菌过程常见的监测方法是使用一种特殊的热敏感塑料条指示剂。移出设备后，监测条可以测得其接触环境的最高温度。如漂洗水温至少应达到82℃。测试日期及测试结果的记录应妥善保存。

常见的监测内容还包括对笼具清洗机处理的笼具和设备表面的细菌进行监测。将装有适合细菌生长的营养物质的塑料皿在监测区域按压，然后在孵箱培养24小时。笼具表面如果有细菌将会在营养物质上生长，以此可以验证清洁步骤的有效性。

六、害虫防控

设计合理的建筑物、良好的内务操作计划和废物处理程序都有利于对诸如苍蝇、蚊子、蟑螂、蜱螨等害虫及野鼠的防控。这些有害动物都可以引发和传播疾病，携带寄生虫，污染水和食物，从而影响实验结果。害虫通常通过饲料、垫料、人或者其他动物进入实验室，也可能通过房间的缝隙进入。保持动物房的清洁卫生，正确存放饲料和垫料，关好门窗，封闭好缝隙等措施可以避免害虫的进入。关闭门窗或加防护滤网可以防止野生啮齿类动物进入实验室。

在动物实验室应慎用杀虫剂。如需使用，必须在专业人员指导下进行，且得到研究人员的许可，因为有些杀虫剂、除臭剂可能会影响实验结果。这一类的化学试剂必需与动物、饲料、垫料、水等隔离。作为综合防控的一部分，一些无害化学制剂，例如硼酸和非结晶的二氧化硅可以用来消灭蟑螂。无论使用何种试剂，都应严格遵守说明书。

七、个人安全与卫生

为了维护工作人员的安全，所有人员必须遵守实验室的安全规则。技术人员应当积极主动地学习并掌握工作环境中的危害性因素。正确穿着防护服，养成良好的个人卫生习惯，并严格执行卫生标准以免发生不必要的危险。保持个人和工作环境的整洁规范是评价饲养管理规范的重要组成部分。它体现了实验动物从业者的专业精神，丰富了动物设施清洁卫生的管理规范。

（一）个人防护装备

个人防护装备就是指为保护个人，将人与感染源、有毒物和腐蚀性物质隔离的衣服与装备，也包括保护工作人员不受极端温度和物理性因素损伤的其他装备。个人防护所需衣物与装备取决于所从事的工作。例如，接触非人灵长类时，工作人员应穿实验用外衣或长大衣，戴口罩、眼罩或面罩，戴帽子以及穿保护性靴子。使用酸性试剂清洗笼子上污垢的所有人员必须佩戴护目镜、围裙和手套，而在实验室中抓取啮齿类动物一般不需穿特制的防护服。

1. 鞋靴　在湿地板上工作的人员应穿橡胶靴或橡胶鞋。带防滑底的硬质靴不但可以防滑倒，还可以防止掉落物品的砸伤。在无菌检疫隔离区应戴一次性鞋套以防交叉污染。工作鞋仅在实验场所穿用，不应穿出实验室甚至穿回家。

2. 耳部防护 在平均噪声达到85分贝甚至更高的环境中，如笼具清洗区域，建议使用耳罩或耳塞。

3. 眼和面部防护 使用护目镜、防护眼镜及眼面防护罩不仅可以避免接触外来物体或被毒性和腐蚀性化学试剂的喷溅而且可以防止感染性的液体（细菌或病毒）喷溅进入眼睛造成危险。这几种防护设备中，护目镜防护性最好，因为它可以将眼及眼周完全遮盖。实验室中还应在笼具清洗区或可能出现化学试剂喷溅处设置洗眼装置。

4. 面罩 根据需要保护的程度，面罩分为许多种类。有时使用一般的外科手术口罩即可，有时却需要使用防毒面具（对吸入空气进行净化的面罩）。紧密贴合面部的面罩可以有效防护吸入污染物并且可以避免动物被人携带的病原感染。面罩还可以防止工作人员用污染的手触摸自己的鼻子或嘴。

5. 工作服 为了预防微生物和毒物等潜在的污染物，在动物实验室中不允许穿着日常服装；同样，动物实验室中的工作服也不允许穿出。大多数动物实验室均为工作人员提供工作服清洗服务。这些措施都可以防止动物实验室被外界污染。工作服应及时更换以保持个人卫生。在有危险微生物和毒素物质的环境中穿着的工作服应该能够耐受反复的消毒和清洗，在某些区域可能还需要一次性防护服。

6. 手套 工作人员在接触动物、清洁试剂以及处理潜在危险物质时都应戴手套。最常见的手套通常由塑料或橡胶制成；围住袖口的手套可以防止液体流入袖子；各种类型的皮革手套可以防止动物的抓咬。从高压灭菌器或笼具清洗机中取物品，或者取干冰时需要戴隔热的手套或连指手套。对动物有接触性皮肤过敏的人应戴塑料或乳胶手套。对乳胶手套或滑石粉过敏的人，还需准备一种特殊的手套。厚皮手套通常在抓取非人灵长类动物和易怒的猫时使用。这种手套并非在任何情况下都具有保护作用，但能够为正确抓取时出现突发事件或者在技术性失败时提供保护作用。

（二）个人卫生习惯

保持良好的个人卫生习惯是避免职业性损伤和疾病的第一步。动物实验室工作有其独特的职业危险。例如，工作人员可能被动物感染疾病或咬伤，也有些人可能对动物实验室内的过敏原发生变态反应。动物实验室工作人员应该遵守与实验研究相关的卫生程序。以下是一些典型的安全及个人卫生指导措施：

1. 除指定区域外，实验室其他区域不能储存和食用食品、糖果、口香糖和饮料。
2. 实验动物设施内禁止吸烟。
3. 养成不触摸眼、鼻、口、脸和头发的习惯，以免造成自身污染。
4. 在更衣室或专门区域存放外套、帽子、雨伞及钱包等个人物品。
5. 离开动物房或笼具清洗区域前要洗手。
6. 脱掉脏的防护衣后要洗手，化妆、吸烟、吃东西之前要洗手，不戴影响洗手的首饰。

7. 有的实验室要求员工进入或离开动物房之前淋浴。

8. 发现危害卫生环境的情况或设备故障时应及时与负责人沟通。

（三）职业健康规划

职业健康规划是从事实验动物或野外动物研究人员必须严格遵循的。入职体检、医学相关的教育背景和接种疫苗都是这个规划的组成部分。不同实验室推荐接种不同种类的疫苗，一般包括以下几种：

1. 破伤风（牙关紧闭症型）由环境中广泛存在的芽胞杆菌引起的一种疾病。抓取或清洁动物的工作人员就暴露于这种芽胞杆菌的环境里，当出现较深且不易清洗的穿刺伤口时就可能被感染。

2. 狂犬病　一种由哺乳动物携带的狂犬病病毒引起的疾病。猫、狗、牛和人都可以携带这种病毒。在动物收容中心需抓取野猫、野狗的工作人员都应预先接种狂犬病疫苗。

3. 肝炎　由一种感染肝脏的病毒引起的疾病。被实验动物感染肝炎的病例一般都来自非人灵长类，尽管现在非常少见。故直接接触灵长类和负责其笼具清洁的工作人员应进行评估是否接种肝炎疫苗。

工作人员一旦发现事故、异常疾病或者危害健康的可疑点应及时通知负责人。动物实验室工作人员比不接触动物的人员更容易出现创伤感染和动物传染性疾病。动物传染病的病原可以在动物和人之间相互传播。例如：非人灵长类和人一样都容易患结核、麻疹及沙门菌感染等疾病，因此，在接触非人灵长类之前都应采取特殊的保护措施。从事非人灵长类的工作人员比从事其他动物的工作人员更容易患结核病。如果动物实验室中有非人灵长类，所有的接触动物的工作人员都应该经常进行结核测试。接受正规的免疫接种及注意个人卫生安全能够阻止动物传染病的传播。免疫接种对于疾病感染的防护十分必要。

动物实验室中发生的任何损伤和事故都应及时报告给负责人，即使是十分微小的事件也不可忽视。一旦被动物咬伤要立即用肥皂和清水清洗伤口，并及时报告负责人被咬伤的位置和动物种类。掌握突发事故和伤害的相关知识有利于控制动物传染病的传播。

动物实验室除了向人员提供防护设备和疫苗接种咨询服务以外，还应培训人员在特定环境中正确使用相应设备，使人员掌握动物传染病、血源性致病原（通过抓咬或注射器针头传播的）以及对人员造成危害的相关知识。

第六篇

动物健康

第十四章 动物健康

本章讲述了健康动物的购买和接收、隔离和检疫程序以及动物健康监护等知识，并重点论述了动物疾病常见疾病症状帮助动物技术员识别动物健康状态，一经发现动物异常状况，及时向监管人员汇报，以减少实验动物疾病带来的负面影响。

第一节 动物购买、运输、接收和检疫

由于来源不同的动物质量参差不齐，研究机构都要求从具有严格动物健康检测程序和具有相应的实验动物许可证的实验动物供应商订购所需要的实验动物。

一、运输

供应商一般通过航空、公路运输动物。运输方式的选择主要取决于实验室与供应商之间的距离。有些供应商使用专用的汽车高效地将动物运送至很多区域。很多地区规定了运输笼的材料，容器大小和每个盒子容纳动物的数量、食物和水的供应量以及应保持的温度，还详细说明了容器的通风以及笼具大小必须保证动物身体的任何部位在不触及笼具顶部的前提下能够自然站立、转身和躺下的空间。发货人应尽可能缩短运输时间，将动物应激减小到最低。运输工具在符合运输要求的前提下要使动物感觉舒适。

对于啮齿类实验动物，如兔子在运输过程中需要使用带突出隔板的硬纸盒以防通风口被堵。供应商在运输途中为动物提供食物和水。有些供应商提供食物和水的潮湿混合物，还有一些供应商使用精心设计的饮水装置为动物提供饮水，例如带有阀门的一次性袋子或固态水。

大动物如猫、狗等，可使用带有动物单独隔间的车辆进行运输，也可用便捷的塑料、纤维玻璃或铝制的笼子进行运输，运输笼中配有供应食物及饮水的器皿。

非人灵长类在运输时常使用有大视窗的木头箱子以便通风和观察。

二、接收和体检

动物实验室中应有一个专门区域用来接收动物。接收引入动物的工作人员应检查和记

录运输笼具的情况，一旦发现破损情况应及时报告负责人。工作人员应核对购买合同与运输发票以确定运来动物无误，并确认货物（盒数与只数）完整抵达。货物一经签收便将动物转移到光线良好、环境受控的房间，由兽医或在兽医监督指导下由有经验的实验动物技术人员对动物进行检查。

根据供应商的信誉、动物质量报告、动物的健康状况及所在实验室的标准操作程序，可以对动物进行简要或者细致检查。首先，检查每个箱内动物的数量、性别、重量和种类与箱上标签是否一致，如果出现错误，供应商、实验室负责人及研究人员均应及时记录在案。其次，在动物入笼之前，仔细观察其脱毛、外伤、腹泻、排泄物情况及动物的整体状态。第三，记录动物的种属、年龄、性别、供应商及总数量。若运输箱中动物的种属、性别没有被细分，装笼时应特别小心，避免将不同性别、种属的动物装入同一笼中。此外，有些实验室可能还要求将不同体重、毛色等信息进行标记。如体重低常常表示脱水或运输不当。最后，如发现异常情况应及时报告研究人员或实验室负责人。如：发现动物死亡更应及时上报，动物尸体应进行处理或进行尸检鉴定死因。如果体检结果正常，未发现任何问题，应马上将动物从运输容器转移到笼盒内，而后放入隔离区进行检疫和条件适应。除非绝对必要，否则不要将动物滞留在运输笼内。

三、检疫与适应

引入动物需要一定时间缓解运输中的应激及适应新的环境。实验室正好利用这段时间对动物的整体状况做一个评估。检疫时间就是隔离和整体健康评估需要的时间，从数天到数月不等，时间长短主要取决于动物种属和实验室的实际情况。在大多数的检疫程序中，这段时间可以用来测试健康状况，评估基本生理指标，免疫接种及处理明显的疾病等。整个检疫时期，工作人员要特别注意观察动物的体征。因为我们不清楚处于检疫期动物的疾病状态，所以实验动物技术人员应将不同批次引入的动物分开检疫，以保护健康动物。检疫工作可以在专用房间进行，也可以在动物永久居住的房舍进行。引入动物经过检疫、无疾病发生后，就进入了调节适应期。在许多实验室，引入动物的调节适应与检疫同步进行。

检疫程序可以确保新放入群体中的动物不将疾病传入该种群，使群体患病。对隔离动物的诊断和观察是检疫程序的重要组成部分。

动物环境适应与它们所处区域的光线、温度、操作和其他理化因素密不可分，这些因素需与它们将来所在的实验室环境完全一样。调节适应可以使动物在实际测试时的应激降到最低。应激动物释放的激素特别是由肾上腺释放的激素水平高于正常动物，同时也对动物正常的生理学数据，如血液学和血清生化指标产生深远的影响，从而导致错误的研究结果。

一旦动物顺利度过检疫和调节适应期，实验动物技术人员的工作就是维持其在实验期间的健康状况。实验动物的健康维护要遵循实验室质量保证与监控检测程序。根据实验研究设施的种类及动物的种属，这个程序通常包括从供应商获取动物后对动物进行健康的检测，以及对实验室中动物患病情况的定期检测。对于狗的健康维持来说，包括确认在有效期内接种疫苗及进行寄生虫检测。对于非人灵长类来说，包括对结核病的检测。对于啮齿类动物来说，通常包括布置哨兵动物的计划。

第二节 健康与疾病

动物实验室工作人员的主要任务是维护实验动物的健康，实验研究中使用患病动物会导致错误的研究结果。因此，实验动物技术人员应熟悉实验动物疾病体征及致病因素，尽量减少实验动物患病危险，尽量确保研究工作的准确性和可靠性。

一、动物健康检查

由于实验室中饲养动物数量往往较多，即便在饲养、运输和安置实验动物时给予精心照料，动物还是有可能发生疾病。而实验动物技术人员对所有实验动物的健康监护起着至关重要的作用。技术人员需严格执行动物健康管理程序，为动物提供一个健康洁净的环境。每天清晨，技术人员都要检查其管理的每只动物，虽不必每只都拿出来检查，但应观察其一般的体征。发现动物出现疾病状态，技术人员需提高警惕并立即上报，同时进行正确记录以便诊断负责人进行诊断并通知研究人员进行治疗。

在动物实验室，建立动物健康问题的上报制度是十分必要的。饲养技术人员应对有疾病体征动物的笼子用颜色鲜艳的卡片进行标识，在卡片上注明观察到的疾病体征。然后通知动物健康管理技术人员移出死亡动物或观察患病动物，并在日志中记录相关信息及通知兽医发现的问题。最后由兽医向负责人建议治疗方案或在医治无效的情况下建议安乐死。

在清洁笼盒时，技术人员可将每只动物取出，进行全面的体检。检查项目包括体重是否减轻、有无腹泻、皮毛问题以及其他的一些异常情况。

特别需要注意的是实验研究有可能导致动物患病。如果发现动物出现疾病症状，即使知道这是实验研究引起的也应该马上通知兽医及研究人员，这些信息对于研究人员来说是十分重要的。

二、疾病体征

技术人员如何鉴别动物是健康还是患病呢？动物自己无法表述它的感觉舒服与否，因此需要技术人员学习观察动物的疾病体征。动物的种属不同疾病体征也不同，有些疾病体征比较明显，比如狗的跛行、鼠身上的咬伤等；有些体征则无明显迹象。一名好的实验动物技术人员应能敏锐地观察到动物行为的细微变化，因为，有时动物行为的改变是判断动物患病的唯一体征。

实验动物技术人员的一项重要任务就是辨别动物是否患病。以下介绍的一些体征可以用于辨别患病动物。

1. 脱毛（掉毛）在某些动物品系中很典型，常常与维生素缺乏、皮肤病、争斗及寄生虫等有关。

2. 贫血　指动物的皮肤或黏膜（牙龈、眼球周围组织）苍白。正常情况下粉红色的牙龈几乎呈白色。通常与体内外失血或循环中红细胞减少有关。

3. 厌食　指动物不吃食物。食盘几乎是满的且少或无排泄物。厌食症常与动物正常饮水相关，当饮水管不进水，饮水阀门损坏或未与水管连接时，动物将出现厌食症。因此确保动物能正常饮水是十分必要的。此外，患病或受伤的动物进食量也会减少。

4. 出血　即失血，血迹通常会发现于动物笼上而非动物身上。可以是外部出血，如断裂的尾巴、被咬的伤口、皮肤或嘴部的伤口；也可以是内部出血，例如膀胱、肠道或子宫内出血。

5. 行为改变　往往是动物出现问题时仅有的特征。表现为动物突然变得好斗、安静或对周围环境失去兴趣，常提示患病或痛苦。

6. 转圈或歪头　当抓住啮齿类动物尾巴时，动物出现旋转、绕圈走路或头歪向一侧时，常提示发生中耳或内耳感染。

7. 便秘　排便量减少，是由于粪便没有移动到大肠。可能是由于缺乏食物或水，也可能是由严重的感染或者其他疾病引起的。

8. 咳嗽　指空气从口中急速被动排出，通常提示咽喉或肺部疾病。

9. 腹泻　指排出水样或不成形的粪便。动物的会阴部或尾部一般沾有粪便。通常由肠部的感染或肠道内的寄生虫引起。

10. 排泄物异常　从鼻、眼、耳或阴道分泌出的湿润物质，常与体内器官感染有关。

11. 呼吸困难　缓慢吃力或急促的呼吸，一般是肺炎的体征。

12. 倦怠　指动物缺乏机警性，与同笼其他动物相比显得疲劳。忍受痛苦的动物一般看起来很倦怠。

13. 体重减轻　指成年动物体重下降。通过测量体重并与之前体重或正常体重范围相比很容易可以观察到。体重减轻一般与严重疾病引起的厌食症有关。体内寄生虫也可以引起体重减轻。

14. 瘫痪　动物全身或部分失去活动能力。瘫痪常由神经损伤或由疾病影响了中枢神经系统。

15. 脱垂　体内器官暴露到体外。直肠和子宫下垂较常见，一般由排便或生产时牵张过度有关。

16. 瘙痒　由体外寄生虫引起的持续频繁的搔抓。皮肤呈鳞状或变红。

17. 皮毛粗糙　皮毛由光滑有光泽转变为皱的粗糙的状态。皮毛粗糙提示缺乏维生素，体内外寄生虫或严重感染。这是动物患病时最容易观察到的体征。

18. 打喷嚏　指空气从鼻子中迅速被动排出，常提示有鼻腔刺激物。

19. 发育障碍　同龄动物中体型明显小于其他动物的情况。发育障碍与遗传因素、感染、寄生虫和饲养管理不良有关。

20. 肿瘤　异常生长的隆起物或肿块。

21. 呕吐　胃内食物从口中排出。说明胃或咽喉中有刺激物。呕吐在猫、狗等动物中常见，在啮齿类和反刍动物中不常见。

对于技术人员来说，发现并上报动物的这些体征是十分必要的。在口头和书面汇报时，上述词汇的使用会使交流更加容易清晰。

三、致病原因

导致动物致病的原因和种类繁多。一名优秀的技术人员应该多掌握疾病相关知识，这样才有利于在日常的工作中发现动物中存在的潜在问题。实际上，实验动物技术人员不仅要关注哪些有体征的疾病，还要注意哪些不引起体征的疾病。这些不易察觉的变化可能会影响生理数据的改变，从而影响实验结果。疾病指的是动物解剖学或生理学的异常。引起疾病的原因主要有以下几个方面：

（一）环境

环境致病因素包括温度、湿度、噪声、光线和微生物的改变，从而引起动物的应激或生理指标的变化。环境因素是影响技术人员照料动物的关键因素，技术人员的个人工作习惯对动物的健康和实验数据影响颇大。

1. 温度　对大多数动物来说21℃是比较舒适的温度，动物房中的温度过高、过低或频繁变动都会使动物产生应激。

2. 湿度　对于动物和人来说，40%～70%相对湿度是比较适宜的。长时间处于干燥或潮湿的环境都会使动物患病（特别是呼吸系统疾病）。

3. 噪声　动物对于噪声的反应多种多样。例如，兔子会蹦跳并自我伤害，啮齿类动物不再繁殖，大多数动物的激素水平发生改变。应避免出现剧烈的噪声，如无线电广播、大喊大叫以及猛烈敲打笼子等都是不允许的。

4. 饲养密度　笼中动物数量过多或笼子空间过小都会导致动物应激，影响其正常状态。应根据动物福利法中关于照顾和使用实验动物的标准，明确实验室中不同笼具放置合适的动物数。笼中动物过度拥挤会影响实验数据而且也是不人道、违法的。

5. 光照　如果你经历过时差的影响，就会切身感受改变光照周期对动物会造成何种影响。动物有其特定的光照周期，这种对特定明暗循环的适应被称为动物的生理循环节奏。这种节奏决定了动物的作息。大多数动物房保持明暗各12小时的周期性变化，任何由于忘记开关灯或自动定时器失灵而导致的光照改变均会导致动物应激；即使问题已经解决，这种影响还会持续一段时间。光照周期的改变对繁殖期的动物影响最大，可能导致不生育。

6. 空气交换　空气交换差的房间一般很闷热。对于一定数量的动物而言没有足够的空气交换就会产生明显的臭味。设计再好的建筑也可能由于许多机械问题（如通风过滤器损坏）使得空气流通较差。

7. 污染物　污染物可以通过空气、水、垫料，尤其是食物进入动物实验室。为了保护实验动物的健康，应对污染物严格监控，避免污染物对实验动物的危害。如雪松木垫料的使用会引起实验动物的污染。雪松屑垫料曾长期在一些实验室使用，后来发现使用这种垫料，动物的肝脏酶水平会升高，而这种酶水平的变化降低了某些麻醉剂的效力。

（二）营养

营养性疾病是由于饮食中的水分、脂肪、碳水化合物、蛋白质、矿物质及维生素的缺乏或过剩引起的。商业化的成品饲料可以满足一般实验动物的营养需求，其中的关键成分与高质量的新鲜饲料一样，能够满足实验动物的营养需要。

（三）遗传

动物遗传性状变化的原因既可以是天然突变也可以是实验导致的。通过实验改变基因的动物（转基因或基因敲除）经常患有遗传病。同一种属的动物经过基因修饰以后会产生不同的特征，例如颜色、大小发生变化。遗传性状的改变可以影响动物对疾病、药物及实验因素的敏感性。例如，特定种属的转基因小鼠患乳腺癌的概率大大增高。一般来说，自发的遗传突变在整个研究群体中出现概率极小，并不影响实验。实验动物技术人员在发现异常动物时应及时报告。异常动物因遗传突变有可能成为潜在的研究模型，对疾病和生物学研究起到重要作用。

（四）微生物

微生物引起的疾病包括细菌、病毒和其他微生物感染引起的改变（表 13-1）。影响健康的微生物因素是多种多样的，主要取决于感染动物的微生物种类。许多微生物并不致病，而导致疾病的微生物被称为致病微生物。一般来说，致病生物通过空气、食物、水及皮肤伤口等进入动物体，并通过寄居动物宿主获取营养。如果宿主中的微生物数量不断增加还会释放有毒废物，致病微生物及其释放的毒素导致宿主细胞损伤。

表 13-1　致病原特性比较

种　类	大　小	活动性	有无细胞核	有无细胞壁	所致疾病
病毒	亚显微 1	无	无	无	犬瘟热
细菌	显微 2	有些	无	有	皮肤及伤口感染
真菌	显微	无	有	有	癣
原虫	显微	有些	有	无	兔肝球虫病

续　表

种　类	大　小	活动性	有无细胞核	有无细胞壁	所致疾病
蠕虫	肉眼 3	有	有	无	啮齿类蛲虫病
节肢动物	肉眼	有	有	无	兽疥螨

注：1 电镜下可见；　2 光镜下可见；3 肉眼可见

（五）寄生虫

寄生虫生活在动物体表或体内，从宿主获取营养来生存。原生动物、蠕虫、虱子、跳蚤等都能够寄生于动物身体，有时甚至能导致动物死亡。通常它们不使宿主出现临床体征，但却会影响实验数据。一旦发现动物有感染寄生虫的体征，如腹泻、呕吐、贫血及皮肤损伤等情况，应及时上报。

（六）不明原因疾病

有些疾病未能诊断出明确病因。例如，无明显感染或环境因素影响的退行性疾病、癌症及衰老等。

技术人员应该清楚，很多病因不能简单地归类到以上所述的某一种病原，多种病因交叉并存是常见情况。例如，微生物（如细菌）感染，可能是由于环境或营养因素导致动物抵抗力减低引起的。本丛书中高级教材将进一步介绍动物对疾病的不同反应变化，如动物亚临床感染和免疫力的变化等。

有时动物损伤是由于抓取或控制不当造成的。动物对实验室免疫程序的变态反应类似于有些人对疫苗、青霉素和蚊虫叮咬时的过敏情况。如果研究人员在研究肿瘤，技术人员就会经常见到人工诱导的肿瘤。在培训过程中，技术人员会学到很多关于病因、病症的知识。面对不同动物及不同疾病问题时，应及时提问，多向实验室中其他工作人员（包括兽医和研究人员）请教。

四、疾病的传播

动物实验室中，疾病可以通过多种方式在动物之间传播。其中最重要的一种传播方式就是通过管理动物的工作人员传播。因此，工作人员应意识到自己可能是传播疾病的潜在危险因素。

（一）感染性疾病

感染性疾病或由微生物引起的疾病很容易在动物间传播。任何携带致病微生物的活体动物，如蚊子、蟑螂等被称为载体，粗心的研究人员和实验动物技术人员也有可能成为载体。携带致病微生物的载体通过与感染动物直接接触将疾病传染给正常动物。同样，无生物活性的物质也可以机械性地传播疾病，这些物质被称为传染媒。如果将一只患传染病的猫从笼中取出，在该笼中放入一只健康的猫，那么这只猫也可能被感染。污染的笼子就成为疾病的传染媒，而真正造成疾病传播的责任人是没有正确清洁笼子的工作人员。感染性疾病可以通过手、空气、垫料、笼子、水、昆虫及多种其他载体与传染媒介传播。

（二）非感染性疾病

非感染性疾病不通过载体或传染媒介传播，病因多种多样。很多非传染性疾病是遗传因素导致的，例如，有些动物的基因突变使得它们凝血功能紊乱；有些非感染性疾病则是由环境或营养状况引起的，如豚鼠和非人灵长类摄入维生素 C 不足会引起出血症；有些动物对非感染性疾病具有遗传倾向，如青霉素过敏症。

（三）预防措施与处理

在动物实验室中减少疾病传播的方法很多。大多数实验室的 SOP 以减少疾病传播危险性为目标。例如，离开动物房之前必须洗手，抓取较小的啮齿类动物应使用消毒镊子，保持空气新鲜或将空气过滤，以及笼具应在至少 82℃的水中清洗等。

动物尸体应及时清理出动物房以减少疾病传播的危险。患病动物应与正常动物隔离，隔离区最好使用专用空间及专用笼位。新到动物应进行检疫确认无感染性疾病，检疫持续的时间取决于动物的种属、来源及已经进入实验室的健康动物的身体情况。

一旦发现有动物患病应及时明确病因，做好疾病的诊断与鉴别诊断工作。这一过程常常依靠实验室诊断，例如微生物培养（使细菌或病毒在人工培养基上生长）、血细胞和血清生化检测等。

对死亡动物的检查和解剖称为尸检，部分器官可以被切取处理进行病理学检查。病理学家可以在显微镜下观察组织器官的病理变化，结合前面提到的其他检测手段和早期发现的疾病体征就可以对病因做出判断。

动物尸体，特别是病死动物的尸体要小心的移出实验室。尸体使用防水袋进行密封后，委托专业公司进行无害化处理。动物尸体不应与其他实验室废弃物一同丢弃。病死动物必须进行灭菌处置以免将疾病传播给人或其他动物。

为了降低动物患病风险，实验动物技术人员应保持动物实验室的清洁标准。技术人员对动物的饲养管理质量对防控疾病至关重要。

五、动物疾病监控

有多种方式可监控实验室中的动物长期健康。例如，给猫和狗等接种预防特种病原的疫苗，对猴子常规进行结核菌素皮肤测试检测结核病，啮齿类动物通过哨兵动物检测一般疾病。

哨兵动物指的是为了检测某种特殊疾病放置在动物房中的健康动物。它们通常被放置于动物房中1~6个月，而后对其实施安乐死。有的实验室还在哨兵动物的笼具内放入脏垫料来增加哨兵感染疾病的机会。哨兵动物安乐死之后，对其进行完整的尸检，收集血液（血清）标本用来检测啮齿类动物不同疾病的抗体，通过粪便样本来检测寄生虫；如果在哨兵动物体内发现啮齿类动物常见疾病，说明该房间中的其他动物也被感染了。一些实验室从供货商处获得动物后马上抽取一些动物进行尸检和相关检测，这样就可以判定供货商为实验室供应的是否为健康动物。

所有的预防性检测程序，从疫苗接种到尸检，共同构成了动物质量保证程序。各动物实验室可根据该室饲养动物种属不同选择不同的监测程序。

第十五章 实验动物常见疾病与治疗

第一节 实验动物常见疾病

实验动物可能会感染一些特异性疾病，其中有些疾病会在特定品种的实验动物中流行。

对设施中存在动物种群的健康问题，实验动物技术员和兽医需结合实验动物主要症状、体征及实验室检查做出诊断，并对患病动物提供及时、恰当的治疗或恰当的处理。新入职的实验动物技术员应注重动物总体健康状态，并仔细观察动物的可能症状。下面简单介绍实验动物的常见疾病及其症状。

1. 皮肤病变　由外伤、微生物或寄生虫感染导致，症状表现为局部脱毛、瘙痒、皮毛粗糙等。

2. 呼吸系统疾病　由细菌或病毒微生物感染引起，症状表现为咳嗽、呼吸困难、无精打采、打喷嚏等。

3. 胃肠道疾病　通常与寄生虫感染、毒性化学物质、微生物感染有关，症状表现为厌食、便秘、腹泻、无精打采、体重下降、发育不良、呕吐。

4. 身体创伤　经常是由于动物之间打斗或意外伤害造成，常表现为出血、瘫痪。

5. 代谢紊乱　由遗传因素、营养问题、毒性物质或其他未被察觉的因素引起，症状多为厌食、无精打采、体重下降。

第二节 实验动物疾病的治疗

动物实验室经常采用不同的药物来保证动物健康、减轻实验过程中动物的紧张及疼痛感。比如采用麻醉剂及镇痛药缓解疼痛，采用药物抗感染或杀灭寄生虫等。本章描述几种常用药物的功效、使用方法及应用过程。

一、常用药物

下面列举了几种常用药物以及他们的应用方法。

1. 镇痛药 此类药物可以缓解疼痛。其典型药物包括阿司匹林、羟苯基乙酰胺、吗啡、丁丙诺啡。

2. 麻醉剂 此类药物同样有消除疼痛的作用。一般麻醉剂的主要作用是使实验动物失去知觉。典型应用的麻醉剂包括甲氧氟烷（metofane）、氟烷（三氟溴氯乙烷）、异氟烷、氯胺酮、戊巴比妥。

3. 抗生素 这类药物可以杀死或阻止致病微生物在动物体内的繁殖。例如青霉素、四环素和红霉素。

4. 抗炎药 这类药物经常用于减少炎症引起的局部水肿、瘙痒和疼痛。

肾上腺皮质激素与类固醇类药物经常用作抗炎症的药物。典型药物包括泼尼松、地塞米松及一些其他相关药物。

非类固醇类抗炎药物现在越来越受欢迎，因为此类药物与类固醇类药物相比副作用小。典型抗炎药包括阿司匹林、布洛芬和酮洛芬。

5. 抗寄生物类药物 这类药物可以杀死寄生于动物宿主体内及附着于体表的寄生虫。寄生虫可以从宿主体内获得营养物质及生存庇护。抗寄生物类药物包括多个不同类别。

6. 驱肠虫剂 此类药物可以有效地消灭各种寄生于动物肠道内的蠕虫。典型的驱肠虫剂包括噻苯唑（驱虫剂）和胡椒嗪类药物。

7. 杀虫剂 此类化学物质可以杀死那些引起实验动物皮肤瘙痒的寄生虫，如虱子和跳蚤。目前杀虫剂可以制成喷雾形式、液体形式、粉末形式和其他形式等，使用起来很方便。胺甲萘（接触性杀毒剂）、除虫菊素和各种有机磷酸酯复合物是用于实验动物的典型杀虫药。

8. 抗原虫药 这类药物主要用于杀死寄生于动物肠道内及其他器官内的原虫。甲硝唑是常用于抗原虫的药物。

9. 镇定剂 此类药物可以使实验动物保持安静和镇静的作用。镇静剂应用于实验动物麻醉前，可以使动物镇静并可以降低麻醉剂的使用量，减少动物的疼痛感。常用于实验动物的镇静剂药物主要包括乙酰丙嗪、地西泮、甲苯噻嗪。

实验动物工作人员需记住常用药物虽有一定的疗效，但同时也会产生副作用并对实验结果产生影响。因此，实验动物工作人员的重点应该放在采取必要措施阻止疾病的发生，而不是在动物生病之后进行药物治疗。在迫不得已需对患病动物进行治疗时，必须咨询兽医和研究人员，由他们决定使用何种药物及用药方法。

二、药物使用方法

下面介绍几种常见的实验动物用药方法：

1. 吸入法 某些麻醉剂可以以气体或蒸汽形式被吸入。肺部的血管吸收蒸汽形式的麻醉药，并将其输送到脑组织中，在脑组织中药物可以发挥其效力。治疗某些呼吸系统的感染可以采用吸入蒸汽形式的药物。

2. 局部涂抹　药物或化学物质可以直接应用于动物的眼部、耳部、皮肤或皮毛等部位。这些药物可以做成乳霜、药膏、水溶液、粉末状和喷雾状。水栖性动物如蛙类和鱼类可以把药物加入水中进行治疗。

3. 口服　药物可以与食物或饮用水混合，或直接喂药等方式通过动物口腔摄入药物。可以用注射器或灌胃管把药物通过食管或胃灌入动物体内，这种给药途径称为强饲法。

强饲法是一种安全、有效的口服喂药方法，可使实验动物获得适当的实验剂量或治疗效果。

4. 直肠给药　药物可制成药栓直接插入体型大一些动物（如狗、猫或非人灵长类动物）的直肠内。药物可以在直肠部位通过黏膜下层吸收进入血液中起作用。

5. 肌内注射（IM）药物被直接注射进入有大块肌肉组织的部位，药物可以被注射部位周围的血管吸收。

6. 静脉注射（IV）药物直接注射到静脉中，经血液循环系统运送到靶器官。

7. 皮下注射（SC 或 SQ）药物被注射进入皮肤与肌肉组织之间。

8. 皮内注射（ID）药物直接注入皮肤真皮层，然后药物慢慢从注射部位被吸收。

9. 腹腔注射（IP）药物被直接注射进入腹膜内。必须注意防止药物被注入腹腔器官内，如肝脏或泌尿系统的膀胱内。这种注射方法可以有效阻止靶器官的感染。因啮齿类动物缺少大量的肌肉组织或注射药物的血管，所以经常采用 IP 注射法。

10. 心脏内注射（IC）这种方法很少采用，药物直接被注射进入心脏组织。当动物生命垂危、需要快速给药时，将使用此类注射方法。应用 IC 注射方法存在一定危险，即药物易被注入心包内或造成心肌的撕裂，引起致命性的出血。

三、填写疾病情况和治疗记录

饲养动物的技术人员必须准确记录动物的异常行为以及治疗过程中的用药情况。这种记录有利于动物设施监督人员或兽医对动物进行检测，并制定治疗动物计划、有效阻止疾病的发生，同时也有助于研究人员对试验结果进行解释和分析。

详尽、准确的动物健康状况记录有利于患病实验动物的诊断和治疗。对动物症状及历次所患疾病及治疗情况的记录称为病史。病史记录应当简洁、真实。对动物个体病症描述一定要有具体数据或事实支持，如“此动物一切正常”或“此动物存在细菌感染”等就是一种不恰当的描述，而“动物不活跃，体温为 39.8℃及血液培养链球菌感染阳性”这样的病史描述就比较规范。

记录动物健康情况，实验动物技术人员可以采用标准化的表格，这些标准化表格主要包括健康报告记录表、治疗记录表、手术进程表等；也可采用记录本或动物健康记录册来记录所有信息。无论采用什么方式进行记录，所有内容应仔细填写，以便技术人员及实验人员可以更容易了解实验动物的状况。如果出现错误，应用单线划掉错误内容并在旁边标注姓名，所有记录均应标注日期和填写人姓名。

第七篇

研究技术

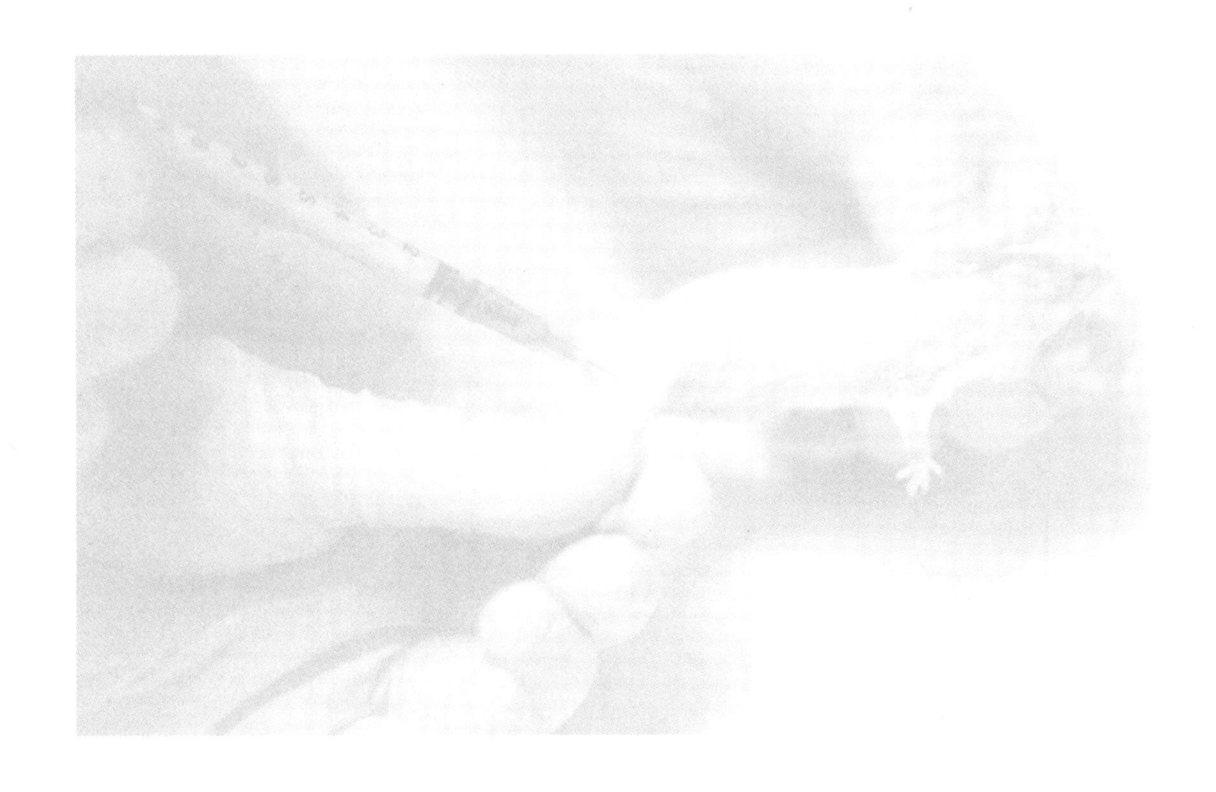

第十六章 安 死 术

安乐死（euthanasia）一词由希腊文“eu”和“thanatos”演化而来，意思是“平安和有意义的死亡”。在实验动物科学领域，“平安和死亡”一方面意味着以微量的疼痛和痛苦结束动物生命；另一方面是指以温和的方式使实验动物死亡。实验动物作为人类的替难者用于各种研究实验，人类有义务给予实验动物足够的尊敬，处死动物时尽可能减少动物的疼痛和痛苦，同时，实验动物的安乐死必须遵循实验动物伦理要求和动物福利法，符合人道标准和实验研究的需求。

第一节 安死术的必要性

在实验动物研究领域中，对实验动物实施安乐死的原因有很多，但主要有三个方面：第一，许多实验研究为获取实验数据需要对实验动物的器官和组织进行检测，这些研究可能使动物生病或受伤，因此，需在动物感到极大的疼痛和痛苦之前对其实施安乐死。第二，当实验动物已经没有实验价值时，如实验不再使用或决定淘汰动物，再继续饲养会极大地增加经济负担，为节约实验经费，对其采取安乐死。第三，当一个动物已不适合进行反复实验研究时，从人道角度考虑应实施安乐死。

人类对于死亡感觉往往恐惧和紧张，动物也是一样，而且这种对死亡的恐惧和紧张行为会传递给其他动物或其他人。安死术方法在实施过程中，会出现动物死亡后仍存在其他机体的反射活动。如：人类会对施以安死术的动物的动作和发出的声音感到恐怖和紧张，实验技术人员应该知道动物在实施安死术过程中所出现的任何沮丧感觉都是正常生理反应。每个人在给动物实施安死术时都会产生焦虑情绪。为了更好地对实验动物采取安死术，实验动物技术人员必须了解各种安死术的方法，确保对动物实施安死术的过程更安全、人道和充满人文关怀，同时最大程度地降低实验技术人员和动物的焦虑感。

安死术很难做到完全没有疼痛和痛苦，但通过改善实施安乐死的环境条件和熟练掌握技术可以减少动物的痛苦。从安死术的定义中可以看出，安死术包括两个方面的内容，一是减少疼痛，二是减轻痛苦。减少疼痛要求建立无痛死亡技术，减轻痛苦要求尽可能地减少动物知觉（丧失意识）。另外，应注意执行安死术的时机，除实验终点外，还需要人道主义的评估，评估指标包括：

1. 体重下降　动物患有恶性疾病或持续性肌肉消耗导致体重迅速下降，动物体重下降幅度超过25%或成长期动物体重未增长。

2. 采食量下降　动物拒食或食欲减退导致采食量下降，小型啮齿类动物24小时、中大型动物5天完全不进食，小型啮齿类动物3天、中大型动物7天采食量低于正常量的50%。

3. 濒临死亡　动物在未进行麻醉或镇静的状态下明显软弱无力，24小时无法站立或极勉强才可站立，或对外界刺激几乎没有反应，体温下降。

4. 感染　明确诊断为感染或因体温升高、白细胞数目增加而判断为感染所致，在抗生素治疗无效且出现动物全身性不良症状。

5. 出现器官功能严重丧失的临床症状且经治疗无效或经兽医师判断预后不良。

6. 肿瘤生成终点评估　无论是自发性肿瘤还是实验移植性肿瘤，均应进行实验终点评估。符合以下情形之一，需要对动物实施安乐死：①单一肿瘤的重量超过动物体重的10%，成年小鼠肿瘤平均直径大于20mm，或成年大鼠肿瘤平均直径大于40mm。②体表肿瘤：肿瘤表面出现溃疡、坏死或感染。③腹腔肿瘤：腹腔异常扩张、呼吸困难。④颅内肿瘤：出现神经症状。

第二节　安　死　术

实验动物的处死方法很多，但采用哪一种动物安死术的方法要取决于动物品种、大小、温驯度、兴奋度，动物对疼痛、窘迫、疾病的感受性，保定方法、实验需要采集标本的部位等因素。适当的物理性保定不仅可减低动物的恐惧、焦虑及疼痛，并可保障操作人员的安全。而实验动物人员的技术、动物的数量也是影响安乐死程序能否顺利进行的重要因素。无论采用哪一种方法，都应遵循安乐死的原则：（1）尽可能减少动物的惊恐、疼痛。（2）使其在最短时间内失去意识迅速死亡。（3）方法可靠。（4）对操作人员安全。（5）不可逆性。（6）适合对动物使用和能达到预期效果。（7）对操作和观察人员的情绪影响最小。（8）不影响对后续的评估、检验、组织应用。（9）不存在药物的供应与人为滥用的潜在性问题。（10）需要的设备简单，有效，价廉，易操作。（11）处死动物的地点应远离其他动物并与动物饲养室隔开。（12）对环境污染的影响最小。

一、安死术方法

安死术方法主要分为两大类：化学方法或物理方法。这些方法可导致动物死亡主要有以下三种基本机制：①直接或间接的缺氧。②直接抑制与生命功能相关的神经元。③物理性破坏大脑活动和破坏与生命相关的神经元。

化学方法是采取吸入或注射方式将化学药物过量进入实验动物体内导致实验动物快速、无痛死亡。物理方法是不需要药物或化学试剂，而是采取一些机械设备辅助动物安死术的方法。但安死术的最好方法是先抑制动物的中枢神经而使其失去知觉，解除疼痛。因此，动物安死术方法应首选使用过量的化学性麻醉药，动物一旦被深度麻醉之后，使用的安乐死方法选择性较大，也较人道；但若因科学研究需要而无法使用麻醉剂，则可选择使用物理性安死术方法。

实验动物技术人员的实践经验和技能与实验方法的选择一样重要。如静脉注射和颈椎脱臼处死法需要多次练习才能熟练操作，而且在不引起动物害怕和恐惧的前提下对实验动物实施安死术。无论采取哪种安死术方法，应仔细检查在确保实验动物死亡后才能结束实验。动物是否死亡可以通过其心搏停止和呼吸终止来判断。

（一）化学方法

1. 吸入麻醉药　无论是压缩气体（最典型的是 CO_2）或者是挥发性麻醉药物吸入处理，其剂量均应比以往产生的麻醉剂量高，且这些液体挥发快，产生的气体被吸入后能产生麻醉效应。动物吸入后会失去知觉，就如准备外科手术程序一样。过量的麻醉药可导致动物呼吸和心搏停止，并最终导致大脑活动停止。如氟烷和异氟烷是吸入处理后能产生快速麻醉的药物，并对哺乳类动物的安乐死比较有效。

吸入麻醉药物可以放在麻醉机的诱导箱内进行安乐死。动物被放在密闭的麻醉诱导箱内后，随着麻醉药物浓度的缓慢增加，麻醉效应也增加。但必须根据 SOP 操作规程进行，使动物接受足够的浓度和麻醉时间，确保麻醉效应。啮齿类动物也可放在一个密闭、干净、透明的玻璃钟罩或塑料小室内吸入过量的麻醉药物进行安乐死。将浸透液体麻醉药的棉花球或其他可吸湿的材料放入密闭容器格栅底部，这样实验动物将不能直接接触到麻醉药，当液体麻醉药蒸发后，把实验动物放入容器内，盖紧盖子（图 15-1）。整个实验过程需选择在有通风橱的实验室进行以免麻醉药蒸发后对人身体产生危害。

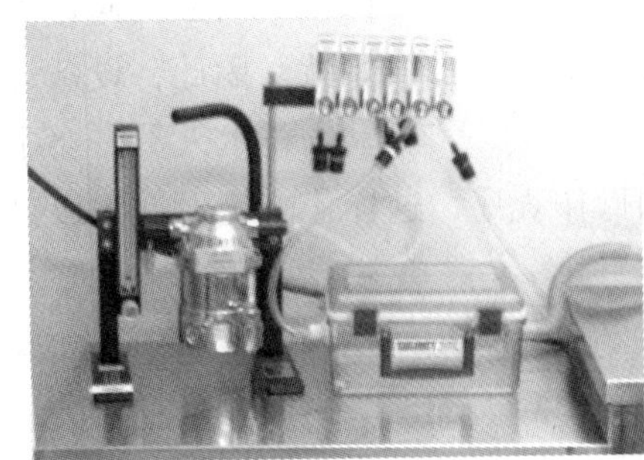

图 15-1　吸入麻醉药（小鼠诱导箱、大鼠诱导箱）

CO_2二氧化碳有快速镇静和麻醉的功效，是一种高效和廉价的处理方法。由于 CO_2的比重是空气的 1.5 倍，不燃，无气味，对操作者很安全，因此，CO_2是啮齿类动物和其他小型哺乳动物最常用的安乐死化学处理方法。当动物吸入高浓度的 CO_2后，动物脑和机体内其他组织中发生缺氧而快速失去意识，最终停止呼吸导致死亡。

2. 乙醚（diethyl ether）过去，乙醚常被用于吸入麻醉药和安死术药物。由于乙醚不易久存，操作困难且乙醚易燃易爆，安全性差，现在已很少使用。

3. 二氟二氯乙基甲醚（methoxyflurane，又称甲氧氟烷，吸入性全身麻醉剂）因甲氧氟烷可导致人和动物不可逆转的肝和肾脏毒性，产生致命的作用，出于安全性和有效性问题，一般用得很少。

（二）注射麻醉物

采用静脉或腹腔快速注射过量非挥发性麻醉药（投药量为深麻醉时的 25～30 倍），使实验动物中枢神经过度抑制，导致死亡。最常用的麻醉药是巴比妥类药物，如戊巴比妥钠等。

（三）物理方法

安死术物理方法是指破坏动物大脑或停止其功能，从而快速杀死动物。物理方法可能涉及设备的使用或应用的力度、切割的速度和精度，以及操作人员的保护。采用物理方法的一大优势是避免了对动物组织的污染，因为化学物质可能残留并干扰研究结果。物理性安乐死方法一般是可被接受的，但是操作人员使用这些方法时必须经过训练，并熟悉使用方法。

如果操作正确，物理方法是人道的，因为其可快速地使动物失去意识。然而，物理方法会牵涉创伤，并可能对动物和操作人员有危险。因为动物必须固定在设备中，若操作失败会产生损伤而使动物产生疼痛，同时，由于动物的反抗或设备操作不当会使操作人员受伤。即使开展人道安乐死，物理性方式也会对围观者的情绪产生困扰。因此，设备运行正常是决定该方法是否对动物人道和对人员安全的主要因素，实验动物技术人员需要丰富的知识和熟练的技术，同时，须有适当的动物保定和操作程序，这样才能确保动物以最少的疼痛和痛苦快速的失去知觉和死亡。

1. 颈椎脱臼法　一种快速将实验动物颈椎离断的物理方法。这种方法适用于实验动物的组织内不含有药物残留。使用这种方法需要技巧和实际训练。一般颈椎脱臼法只能用于小鼠、体重小于 200g 的大鼠、体重小于 1kg 的兔子。根据实验要求，也可在实验动物实施颈部脱臼之前进行镇静或轻微麻醉。

2. 放血处死法　此法适用于各种实验动物。具体做法是使用大剂量的麻醉药物将实验动物麻醉，当动物意识丧失后，将股动脉、颈动脉、腹主动脉切断或剪破，让血液流出。亦可刺穿动物的心脏放血，导致急性大出血、休克、死亡。

二、死亡的确认

动物实施安死术后，必须确认动物死亡。如动物在 CO_2 诱导仓内虽然出现呼吸停止，但它们可能还没有死亡，在这种情况下，CO_2 的作用能被抵消，动物会恢复和苏醒。确认死亡可通过心脏停跳和呼吸停止来判断。如大型动物，技术人员可以监测大动物的脉搏、心率和呼吸是否消失来确认。但在小动物中，尤其是大鼠，这些生命体征很难去评估，因此，有必要借助辅助方法来确保动物死亡。如啮齿类动物从 CO_2 诱导仓内取出后可采用颈椎脱臼法来确保动物死亡。因为在高浓度 CO_2 的作用下，还活着的动物仍旧是处于无意识中，并不会感觉到二次操作的痛苦。另一种辅助方法是 CO_2 安死术后用剪刀或手术刀打开胸腔，肺部破裂，防止呼吸恢复，以确保死亡。

三、安死术的操作学习

正确进行安死术的操作对动物福利和职业安全至关重要。安死术操作人员必须在实验动物相关机构中经过全面的方法学培训。培训内容应包括动物的保定和抓取，安死术过程中的生理反应、设备的使用和维护、安乐死药物的处理和给药操作、动物安死术后的死亡确认以及尸体处理方法等。通过麻醉和处死动物的操作训练使实验动物技术人员熟练掌握各种安死术方法。

第十七章 实验设计和方法学

实验设计极其重要，其科学性、严密程度可影响实验结果。实验设计的第一步是确定研究的主题，并清楚在研究过程中要解决的问题。实验研究的目标必须要切合实际，换句话说，实验研究目标要可以实现。下一步是选择合适的动物模型，模型可以是动物组织、细胞，也称体外模型，或者是特定类型的整体动物，称为在体模型。

一、实验设计

根据实验目的，确定研究主题和选择恰当的动物研究模型后，制定切实可行的实验方案，选择合适的实验设计方法。实验设计通常包括以下组成部分：

1. 文献检索　根据项目研究的主题内容和研究目标，有针对性地查阅国内外相关研究资料，可通过文献检索、查阅数据库等查阅各个时期的书刊杂志，获得有关与课题研究相关的信息。实验研究应该有创新内容，排除不必要的重复研究。重复研究不仅浪费时间和金钱，也是对动物生命的一种无视。

2. 模型选择　选定合适的动物模型，应考虑所选用动物的种类、品系、数量以及选择该模型的理由。

3. 科学假设　提出科学的难题或问题，实验研究的目的是发现清晰的理论去解释研究的问题。

4. 实验方案　安排实验操作步骤，建立详细的实验研究流程。

5. 数据的收集和统计　描述应用于数据收集和分析的实验方法。

6. 影响因素　除描述可控制因素外，还说明实验过程中可能出现的不良反应或潜在的问题。

7. 动物饲养　描述动物饲养的标准操作规程（SOP）包括饲养和护理动物的方法。

8. 经费预算　预算实验可能的支出费用，包括购买实验动物、试剂、动物饲养和护理，以及实验人员的工资等费用。

9. 人员资质　说明研究人员的实验资质。

使用动物模型进行研究，其研究方案要符合 IACUC 的要求。实验设计被采纳批准后，研究人员方可开始研究工作。

二、实验分组

在动物实验可分为实验组和对照组，实验组再可分为如高、中、低等不同剂量组或不同的处理组。对照组要根据研究内容和目标确定，常用的有正常对照、空白对照组、阴性对照、模型对照组、假手术组、阳性对照组。阳性对照的实验结果是已知的，其主要是检验实验的方法是否正常，也是实验质量控制的主要质量标准之一。阴性对照不发生已知的实验结果，主要验证实验方法的特异性，防止假阳性结果的产生。阴性对照一定要排除非处理因素的影响，如必须使用安慰剂、采取相同的手术过程等。空白对照是指对对照组不施加任何措施，主要反映研究对象在实验过程中的自身变化。

任何可以改变的因素或条件称为变量。实验者需设定特定的研究操作、动物品系、年龄、性别、环境因素等实验变量，同时要避免引进设定外的变量因素。严格按操作指南和规范的操作程序（SOP）进行动物实验，可避免不可控变量的发生。

为减少不可控的变量因素，实验要求应用高度一致的动物种群，尽可能选用相同的品种品系、性别、年龄、体重等，且实验动物饲养方式和饲养环境、实验条件都必须一致因为这些因素都可能影响实验结果。

动物实验研究人员必须避免影响实验变量的意外因素发生。以下技术误差都可能影响到实验结果：

1. 动物品系混杂或发生交叉。
2. 动物标识不当。
3. 动物称重或给药操作失误。
4. 实验数据记录不正确、不规范。
5. 动物饲养环境不一致。
6. 操作不当引起噪声。
7. 改变或增加标准饮食。
8. 对动物个体的偏爱。

当环境因素改变时，动物实验技术人员应该首先认识到这个变化。实验动物饲养技术人员应该记录这种改变并及时报告。在动物实验中，须严格控制各种环境因素及营养因素，在饲养及实验过程中尽可能保持一致，以降低其对动物实验的影响。研究人员要与实验动物技术人员合作共同完成动物实验。

三、动物模型

动物与人在许多方面有相似之处。例如，狗或鼠的肌肉组织与人类的肌肉组织相比，具有相似的生理特性和活性。研究人员可以通过研究动物肌肉功能获得更多信息，使其应用于人类。动物作为模型而用于实验研究，是研究人类疾病的重要方式。从动物模型获得的研究信息不但利于动物而且也有利于人类。

动物模型可以按自发性或诱发性的方式分类。

1. 自发性动物模型　自发性动物模型是指实验动物未经任何人工处置，在自然条件下发生的或由于基因突变的异常表现，通过遗传育种保留下来的动物模型。例如：快速老化小鼠（SAM 品系小鼠）6 月龄后迅速出现老化特性；高血压大鼠（SHR 大鼠）10 周龄雄鼠平均血压可达 184±17mmHg，雌鼠可达 178±14mmHg。

2. 诱发性动物模型　诱发性动物模型是指研究者通过物理、化学、生物和复合的致病因素等作用于动物，人为地造成动物组织器官、局部或全身的损害，表现出与人类疾病类似的一些功能、代谢或形态结构方面的病变，即人为地诱发动物产生类似人类疾病模型。例如，把肿瘤细胞注入动物体内复制肿瘤动物模型，采用香烟烟雾中的化学物质诱导肺癌模型等。这类模型制作方法简便，短期内可复制大量疾病模型，实验条件比较简单，其他因素容易控制。

研究人员选择某种动物模型进行研究时，需要考虑到实验的费用、适用性、实验设备条件、技术人员的能力和其他因素等，最重要的是科研人员能利用动物模型的所具有某种生物特性去研究某种科研问题。

四、研究方法

利用各种实验动物模型可以研究许多动物和人类健康问题，这需要更全面的动物研究技术。

（一）食品和新药研究

食品研究是研究有关食用什么食物对人类是安全的，以及选用什么食物可以饲养动物等问题。用动物模型研究饮食问题很重要，因为只有在活体内才能观察营养物质相互作用和体液消化是如何起作用。例如，当一种营养物质浓度增加时，另一种营养物质则降低；又如水银造成的毒性影响可以用某种营养物质（如含硒的物质）来降低其毒性作用。

生物测定是指将某种信息在活体系统内进行检测分析。在新药物研究中，生物测定是用来检测药物的某种成分在活体动物体内的反应的一种方式。如果给配对实验组动物相同成分的药物（除了已知不同药物成分外），任何在动物模型体内发现的不同反应都可以归因于这种药物。用这种方法可以比较人工合成的激素与自然分泌的激素的生物效应，研究这两者在被检测动物模型中是否具有相同影响。生物测定只能用活体系统检测，而在体外是检测不出的。

（二）植入物和插管研究

植入物是指将一种医疗装置或生物材料安放于活体组织内。有许多暂时性或永久性的植入物已经应用于动物和人体。例如，尽管隐形眼镜可以很容易取下，但隐形眼镜仍被认为是一种植入材料。永久性植入物包括心脏起搏器、人造心脏瓣膜、骨钉和椎间盘、髋关节置换假体等。所有这些目前应用于人类和宠物的装置，最初都曾用于实验动物模型的研究。同时，这些实验装置的改进需要依赖于动物模型研究。

许多其他类型的研究也需要利用动物模型体内植入的材料和装置。例如，将电极植入脑内、心脏或其他组织内测量生物电活性；将各种管子植入体内检测体内变化或可以方便于经常从此处注入液体；渗透管可以埋入动物皮肤下，可以调节液体流动或检测药物。所有这些植入可以给研究人员提供反复或持续检测体内变化，而无需反复经皮肤进行测量。

最常用的植入方法是插管，主要是将小号管子插入身体的腔隙、导管和脉管。例如，皮下针管可以插入体内静脉中，使用静脉插管可以向体内注入液体或收集体内液体。

植入物和插管存在一些内在的危险。例如，静脉插管可以直接将外部环境与实验动物体内相连进入体循环系统。外部感染如：导管内和周围的细菌可以进入动物体内威胁动物生命。为了避免感染，最基本的方式是在无菌环境下，对所有移植物品进行无菌处理。理想情况下，动物的皮毛可以完全覆盖移植物体。从实验动物身体内突出的电极或插管阻止了皮肤的完全愈合。然而，在植入物周围形成的紧密皮肤链接是必要的。动物饲养人员应该检测动物植入物或插管后的情况，及时报告不良反应。常见不良反应包括插管移位、扭曲打结、实验动物试图拔掉插管等。没有特别指示，辅助实验的饲养人员不能尝试自行解决，应该将这种现象报告管理人员。

（三）基础生物学研究

科学家实际了解的人和动物体内生物学原理是非常有限的。如果我们要完全了解生命体的构成，需要更多的研究才能达到目的。如免疫系统是如何对抗癌症的？什么样的生理因素与精神紊乱有关？如何治疗？等问题。科学家必须用实验动物去研究并得出可能的答案。

在大多数研究中，实验动物被麻醉后取其体内正常脏器进行研究；对于有些特殊化学物质研究，要选取组织细胞或器官来观察对机体生理的影响。科研人员应考虑动物在研究中出现各种反应，需要搜集一系列记录的数据或收集动物的血清、细胞、组织，以及用放射性核素标记的复合物在一段半衰期中的变化等进行全面评估。对一个研究者来说这些研究的变量很复杂、很难完全掌握，而实验动物技术人员应当对动物的各个方面都要熟悉。

（四）安全性评价

实验动物常被用于新药物、食品、添加剂、杀虫剂、工业化学原料等产品的安全性评价，观察这些新产品是否对使用者、环境、动物的下一代、植物、人类等所有在地球上的生物安全是否有影响。

在新药安全性评价中，有些动物试验是采用无创伤的，有些试验会造成动物外伤，并导致试验动物的疼痛和死亡。试验最重要的目的是用最少的实验动物，获得最多的产品安全信息资料，为毒性检测中心、临床医学科学家、生态学家和其他科学家的进一步研究提供真实可信的数据。通常将新材料用于实验动物进行研究，是判断这种新材料是否有毒、毒性程度如何，为今后的使用提供适当的警示和限制，以设定生产、使用和运输标准。实验设计依赖于被评价材料的类型，材料对人类、动物、环境的影响以及安全问题的特定方面。

此外，实验动物在日常药品检测中也扮演着重要角色，尤其是疫苗产品的检测，每个批次的疫苗产品都要进行动物实验检测以确保产品的安全性和有效性。

（五）行为学研究

行为是个体、群体或物种对其周围环境的反应。因此，任何一种生物体对刺激产生的活动和反应都被称为行为。行为科学是研究人类和动物，寻求对其行为的描述性、普遍性解释。心理学是研究人类心理和行为的一门学科。动物行为学是科学研究动物行为的学科。

心理学研究包括很多实验方法。生理心理学研究身体的结构和功能与行为反应之间的联系，包括神经组织的作用。其他研究方法则用于检测感觉、知觉和学习能力的机制。人类和动物行为学研究的发展也是一个重要的研究领域。许多行为学研究技术以人类和动物为研究主题。

对于动物行为学的研究可以帮助我们更好地去解决人类行为问题。许多正常和非正常的行为学机制，是人类和动物普遍存在的现象。可以用动物研究感染性疾病对心理压力和免疫反应的影响及二者之间的联系。即使招募到志愿项目，用人类进行这样的研究很难进行实验控制。有些实验动物如猴子在压力因素存在的情况下出现免疫反应有效性降低。因此，通过动物实验得出的结果可以证实在人类中也可发生同样反应。应注意，不恰当的饲养和处置实验动物会影响到实验结果，因此压力因素就不能成为研究疾病的一个考虑因素。

延伸阅读

1. ALAT Training Manual. American Association for Laboratory Animal Science，2010
2. 孙靖，主编. 实验动物学基础. 北京：北京科学技术出版社，2005
3. 秦川，主编. 实验动物学. 北京：人民卫生出版社，2010
4. 周光兴，主编. 医学实验动物学. 上海：复旦大学出版社，2012
5. 施新猷，编著. 医用实验动物学. 西安：陕西科学技术出版社，1989
6. 秦川，主编. 医学实验动物学. 北京：人民卫生出版社，2008
7. 邹移海，黄韧，连至诚等，主编. 中医实验动物学. 广州：暨南大学出版社，1999